IPA-IAO
Forschung und Praxis

Band 228

Berichte aus dem
Fraunhofer-Institut für Produktionstechnik
und Automatisierung (IPA), Stuttgart,
Fraunhofer-Institut für Arbeitswirtschaft
und Organisation (IAO), Stuttgart,
Institut für Industrielle Fertigung und
Fabrikbetrieb der Universität Stuttgart und
Institut für Arbeitswissenschaft und
Technologiemanagement, Universität Stuttgart

Herausgeber: H. J. Warnecke und H.-J. Bullinger

Ulrich Abele

Bewertung und Verbesserung der fertigungsgerechten Gestaltung von Blechwerkstücken

Mit 72 Abbildungen

Springer-Verlag
Berlin Heidelberg New York
Barcelona Budapest Hongkong
London Mailand Paris
Santa Clara Singapur Tokio 1996

Dipl.-Ing. Ulrich Abele
Fraunhofer-Institut für Produktionstechnik und Automatisierung (IPA), Stuttgart

Prof. Dr.-Ing. Dr. h. c. Dr.-Ing. E. h. H. J. Warnecke
o. Professor an der Universität Stuttgart
Fraunhofer-Institut für Produktionstechnik und Automatisierung (IPA), Stuttgart

Prof. Dr.-Ing. habil. Dr. h. c. H.-J. Bullinger
o. Professor an der Universität Stuttgart
Fraunhofer-Institut für Arbeitswirtschaft und Organisation (IAO), Stuttgart

D 93

ISBN 978-3-540-61019-9   ISBN 978-3-642-47879-6
DOI 10.1007/ 978-3-642-47879-6

Gesamtherstellung: Copydruck GmbH, Heimsheim
SPIN 10534792   62/3020−6 5 4 3 2 1 0

Geleitwort der Herausgeber

Über den Erfolg und das Bestehen von Unternehmen in einer marktwirtschaftlichen Ordnung entscheidet letztendlich der Absatzmarkt. Das bedeutet, möglichst frühzeitig absatzmarktorientierte Anforderungen sowie deren Veränderungen zu erkennen und darauf zu reagieren.

Neue Technologien und Werkstoffe ermöglichen neue Produkte und eröffnen neue Märkte. Die neuen Produktions- und Informationstechnologien verwandeln signifikant und nachhaltig unsere industrielle Arbeitswelt. Politische und gesellschaftliche Veränderungen signalisieren und begleiten dabei einen Wertewandel, der auch in unseren Industriebetrieben deutlichen Niederschlag findet.

Die Aufgaben des Produktionsmanagements sind vielfältiger und anspruchsvoller geworden. Die Integration des europäischen Marktes, die Globalisierung vieler Industrien, die zunehmende Innovationsgeschwindigkeit, die Entwicklung zur Freizeitgesellschaft und die übergreifenden ökologischen und sozialen Probleme, zu deren Lösung die Wirtschaft ihren Beitrag leisten muß, erfordern von den Führungskräften erweiterte Perspektiven und Antworten, die über den Fokus traditionellen Produktionsmanagements deutlich hinausgehen.

Neue Formen der Arbeitsorganisation im indirekten und direkten Bereich sind heute schon feste Bestandteile innovativer Unternehmen. Die Entkopplung der Arbeitszeit von der Betriebszeit, integrierte Planungsansätze sowie der Aufbau dezentraler Strukturen sind nur einige der Konzepte, die die aktuellen Entwicklungsrichtungen kennzeichnen. Erfreulich ist der Trend, immer mehr den Menschen in den Mittelpunkt der Arbeitsgestaltung zu stellen – die traditionell eher technokratisch akzentuierten Ansätze weichen einer stärkeren Human- und Organisationsorientierung. Qualifizierungsprogramme, Training und andere Formen der Mitarbeiterentwicklung gewinnen als Differenzierungsmerkmal und als Zukunftsinvestition in *Human Recources* an strategischer Bedeutung.

Von wissenschaftlicher Seite muß dieses Bemühen durch die Entwicklung von Methoden und Vorgehensweisen zur systematischen Analyse und Verbesserung des Systems Produktionsbetrieb einschließlich der erforderlichen Dienstleistungsfunktionen unterstützt werden. Die Ingenieure sind hier gefordert, in enger Zusammenarbeit mit anderen Disziplinen, z.B. der Informatik, der Wirtschaftswissenschaften und der Arbeitswissenschaft, Lösungen zu erarbeiten, die den veränderten Randbedingungen Rechnung tragen.

Die von den Herausgebern geleiteten Institute, das

- Institut für Industrielle Fertigung und Fabrikbetrieb der
  Universität Stuttgart (IFF),

- Institut für Arbeitswissenschaft und Technologiemanagement (IAT)

- Fraunhofer-Institut für Produktionstechnik und Automatisierung
  (IPA),

- Fraunhofer-Institut für Arbeitswirtschaft und Organisation (IAO)

arbeiten in grundlegender und angewandter Forschung intensiv an
den oben aufgezeigten Entwicklungen mit. Die Ausstattung der
Labors und die Qualifikation der Mitarbeiter haben bereits in der
Vergangenheit zu Forschungsergebnissen geführt, die für die Praxis
von großem Wert waren. Zur Umsetzung gewonnener Erkenntnisse wird
die Schriftenreihe "IPA-IAO - Forschung und Praxis" herausgegeben.
Der vorliegende Band setzt diese Reihe fort. Eine Übersicht über
bisher erschienene Titel wird am Schluß dieses Buches gegeben.

Dem Verfasser sei für die geleistete Arbeit gedankt, dem Springer-
Verlag für die Aufnahme dieser Schriftenreihe in seine Angebots-
palette und der Druckerei für saubere und zügige Ausführung. Möge
das Buch von der Fachwelt gut aufgenommen werden.

H.J. Warnecke   H.-J. Bullinger

Vorwort des Verfassers

Die vorliegende Arbeit entstand während meiner Tätigkeit als wissenschaftlicher Mitarbeiter am Fraunhofer-Institut für Produktionstechnik und Automatisierung (IPA), Stuttgart.

Mein besonderer Dank gilt dem Präsident der Fraunhofer-Gesellschaft – ehemals Institutsleiter des IPA, Herrn Prof. Dr.-Ing. Dr.h.c. Dr.-Ing.E.h. Hans-Jürgen Warnecke, für seine großzügige Unterstützung und Förderung, die entscheidend zur erfolgreichen Durchführung dieser Arbeit beigetragen hat.

Herrn Prof. Dr.-Ing. Klaus Siegert danke ich für die Übernahme des Mitberichts.

Aus dem Kreis der Mitarbeiter des Instituts, die mich mit inhaltlichen Anregungen oder durch tatkräftige Mithilfe bei der textlichen, grafischen und programmtechnischen Ausarbeitung unterstützt haben, möchte ich insbesondere Herrn Dr.-Ing. Rolf Steinhilper, Herrn Dipl.-Ing. Ronald Drobek und Herrn Dipl.-Ing. Jürgen Mattes sehr danken.

Stuttgart, Dezember 1995   Ulrich Abele

Inhalt   Seite

Abkürzung   Einheit Bezeichnung

Abkürzung	Einheit	Bezeichnung
AWF	–	Ausschuß für wirtschaftliche Fertigung
B	mm	Breite
B_A	mm	Breite des Außenkonturelements
B_E	mm	Breite der ebenen Hüllflache
B_G	mm	Greifelementbreite
B_{GF}	mm	Breite der Grundflache des gebogenen Blechwerkstücks
B_I	mm	Breite des Innenkonturelements
BK	–	Bereichskriterium
B_K	mm	Breite der Kleinteileentsorgung
B_L	mm	Breite des Lagerfachs
B_N	mm	Breite der Niederhalterform
B_P	mm	Platinenbreite
B_{PA}	mm	Breite der Platinenauflagefläche
B_R	mm	Breite des Hüllkörpers
BW	–	Bewertungsanteil
B_{WA}	mm	Breite des Werstückaufnahmebereichs
BWst	–	Blechwerkstück
CAD	–	Computer Aided Design
CNC	–	Computer Numerical Control
D	mm	Durchmesser
D_A	mm	Durchmesser des Außenkonturelements
D_G	mm	Greifelementdurchmesser
D_I	mm	Durchmesser des Innenkonturelements
Dia_{PA}	mm	Diagonale der Platinenauflagefläche
Dia_{WA}	mm	Diagonale des Werstuckaufnahmebereichs
D_S	mm	Stanzdurchmesser
D_{Sp}	mm	Spanntellermanipulatordurchmesser
DXF	–	Digital Exchange Format
EK	–	Einzelkriterium
f	–	Funktionsvorschrift bzw. Verknüpfungsregel
$f_{H,N}$	min^{-1}	Hubfrequenz – Nibbeln
$f_{H,S}$	min^{-1}	Hubfrequenz – Stanzen
F_B	kN	Biegekraft
FM	–	Merkmale von Fertigungseinrichtungen
F_N	kN	Niederhalterkraft
F_S	kN	Stanzkraft
F_{Sp}	kN	Spannkraft
GF	–	Gewichtungsfaktor
H_D	mm	Durchgangshöhe
H_L	mm	Höhe des Lagerfachs
H_N	mm	Höhe der Niederhalterform
H_R	mm	Höhe des Hüllkörpers
H_S	mm	Schenkelhöhe
H_{WA}	mm	Höhe des Werstückaufnahmebereichs
i	–	Ordnungszahl für Bereichskriterium

IGES	–	Initial Graphics Exchange Specification
j	–	Ordnungszahl für Klassenkriterium
k	–	Ordnungszahl für Einzelkriterium
K	–	Bewertungskriterium
KFG	–	Kennwert zur Bewertung der Fertigungsgerechtheit
KFG_{Abmess}	–	Kennwert zur Bewertung der Abmessungsgerechtheit
KFG_{Dreh}	–	Kennwert zur Bewertung der Nennarbeitsbereichsgerechtheit bezüglich Drehen
$KFG_{Führ}$	–	Kennwert zur Bewertung der Führungsgerechtheit
$KFG_{Gewicht}$	–	Kennwert zur Bewertung der Gewichtsgerechtheit
KFG_{Mag}	–	Kennwert zur Bewertung der Werkzeugmagazingerechtheit
KFG_{Manip}	–	Kennwert zur Bewertung der Manipulatorgerechtheit
KFG_{Nach}	–	Kennwert zur Bewertung der Nennarbeitsbereichsgerechtheit bezüglich Nachfassen
KFG_{Nenn}	–	Kennwert zur Bewertung der Nennarbeitsbereichsgerechtheit
KFG_{Rot}	–	Kennwert zur Bewertung der Manipulatorgerechtheit bezüglich der Rotatoreignung
$KFG_{SonderWZ}$	–	Kennwert zur Bewertung des Sonderwerkzeugeinsatzes
KFG_{WZgr}	–	Kennwert zur Bewertung der Werkzeuggrößengerechtheit
$KFG_{WZKraft}$	–	Kennwert zur Bewertung der Werkzeugkraftgerechtheit
KFG_{Zan}	–	Kennwert zur Bewertung der Manipulatorgerechtheit bezüglich der Zangengreifereignung
KK	–	Klassenkriterium
L	mm	Länge
L_A	mm	Länge des Außenkonturelements
L_B	mm	Biegelänge
L_{Bumax}	mm	maximale unterbrochene Biegelänge
L_E	mm	Länge der ebenen Hüllfläche
L_G	mm	Greifelementlänge
L_{GF}	mm	Länge der Grundfläche des gebogenen Blechwerkstücks
L_I	mm	Länge des Innenkonturelements
L_K	mm	Länge der Kleinteileentsorgung
L_{Kon}	mm	Konturlänge
L_L	mm	Länge des Lagerfachs
L_N	mm	Länge der Niederhalterform
L_P	mm	Platinenlänge
L_{PA}	mm	Länge der Platinenauflagefläche
L_R	mm	Länge des Hüllkörpers

$L_{S,min}$	mm	minimale Spreizwerkzeuglänge
L_{WA}	mm	Länge des Werkstückaufnahmebereichs
LG	–	Losgröße
LZ	–	Losanzahl
max	–	maximal
M_{BWst}	kg	Gewicht des Blechwerkstücks
M_{FHM}	kg	Förderhilfsmitteltragfähigkeit
M_{FM}	kg	Fördermitteltragfähigkeit
min	–	minimal
M_{Hi}	kg	Tragfähigkeit der maschineninternen Handhabung
M_{He}	kg	Tragfähigkeit der maschinenexternen Handhabung
M_L	kg	Tragfähigkeit des Lagerfachs
M_T	kg	Arbeitstischbelastung
N_{bS}	–	Anzahl bearbeiteter Seiten
N_G	–	Greifelementanzahl
$N_{SonderWZ}$	–	Anzahl notwendiger Sonderwerkzeuge
N_{Sp}	–	Anzahl Spannpratzen
N_{uKE}	–	Anzahl unterschiedlicher Konturelemente für einen Einfachhub
N_{uSKE}	–	Anzahl unterschiedlicher Sonderkontur- elemente für einen Einfachhub
N_{uKEgr}	–	Anzahl unterschiedlicher Konturelemente, die die geometrischen Grenzen überschreiten
N_{uKEKr}	–	Anzahl unterschiedlicher Konturelemente, die die physikalischen Grenzen überschreiten
N_{WZ}	–	Anzahl Werkzeuge
N_{WZMag}	–	Anzahl Werkzeuge im Magazin
R_A	mm	Radius des Außenkonturelements
R_B	mm	Biegeradius
REFA	–	Verband für Arbeitsstudien und Betriebs- organisation
R_m	N/mm²	Zugfestigkeit
R_N	mm	Radius der Niederhalterform
R_{Pr}	mm	Profilradius
s	mm	Blechdicke
s_f	–	Sicherheitsfaktor
s_{Ns}	mm	Nachsetzweg
Stk		Stückzahl
s_x	mm	Verfahrweg in x-Richtung (Nennarbeits- bereich in Maschinenlängsachse)
s_y	mm	Verfahrweg in y-Richtung (Nennarbeits- bereich in Maschinenquerachse)
t_B	s	Zeit pro Biegung
T_I	mm	Tiefe des Innenkonturelements
T_N	mm	Tiefe der Niederhalterform
t_{Richt}	s	Biegerichtungswechselzeit
t_{WZ}	s	Werkzeugwechselzeit

VDI	–	Verein Deutscher Ingenieure
VDI-Z	–	Zeitschrift des Vereins Deutscher Ingenieure für integrierte Produktionstechnik
v_{dreh}	mm/s	Drehgeschwindigkeit
v_{Ns}	mm/s	Nachsetzgeschwindigkeit
$v_{pos\ x}$	mm/s	Positioniergeschwindigkeit in X-Richtung
$v_{pos\ y}$	mm/s	Positioniergeschwindigkeit in Y-Richtung
W_A	°	Winkel des Außenkonturelements
W_B	°	Biegewinkel
W_I	°	Winkel des Innenkonturelements
W_K	°	Biegkantenwinkel
WM	–	Merkmale von Blechwerkstücken
W_{WZ}	°	Werkzeugdrehwinkel
WZ	–	Werkzeug
x	–	Laufvariable
x_{AB}	mm	Abstand zwischen Außenkonturelement und Biegekante
X_{AE}	mm	Koordinate in X-Richtung des Außenkonturelements vom Eckpunkt des ebenen Blechwerkstücks
x_G	mm	Greifelementabstand
x_{IB}	mm	Abstand zwischen Innenkonturelement und Biegekante
X_{IE}	mm	Koordinate in X-Richtung des Innenkonturelements vom Eckpunkt des ebenen Blechwerkstücks
X_{pos}	mm	Positioniergenauigkeit in X-Richtung
x_{Sp}	mm	Spannpratzenabstand
y	–	Laufvariable
Y_{AE}	mm	Koordinate in Y-Richtung des Außenkonturelements vom Eckpunkt des ebenen Blechwerkstücks
Y_{IE}	mm	Koordinate in Y-Richtung des Innenkonturelements vom Eckpunkt des ebenen Blechwerkstücks
Y_{pos}	mm	Positioniergenauigkeit in Y-Richtung
z	–	Laufvariable
α	–	Sicherheitsfaktor
ρ	g/mm^3	spezifisches Gewicht
τ_a	N/mm^2	maximale Scherfestigkeit

1   Einleitung

1.1   Problemstellung

Der Wettbewerb zwischen produzierenden Unternehmen findet auf den Feldern Kosten, Lieferzeit und Qualitat statt. Diese Herausforderung zwingt auch weiterhin zu erhohtem Kostenbewußtsein und zur Ausschöpfung aller im Unternehmen vorhandenen technischen und organisatorischen Rationalisierungspotentiale /1, 2, 3/.

Die Konstruktion nimmt hierbei, wie in **Bild 1** dargestellt, eine Schlüsselstellung ein. Die durch deren Kostenverantwortung konstruktiv festgelegten 70 Prozent der Herstellkosten sowie die Kostenverursachung im Bereich der Fertigung weisen auf ein großes Rationalisierungspotential bei der Abstimmung zwischen Konstruktion und Fertigung hin /4, 5, 6, 7, 8, 9/.

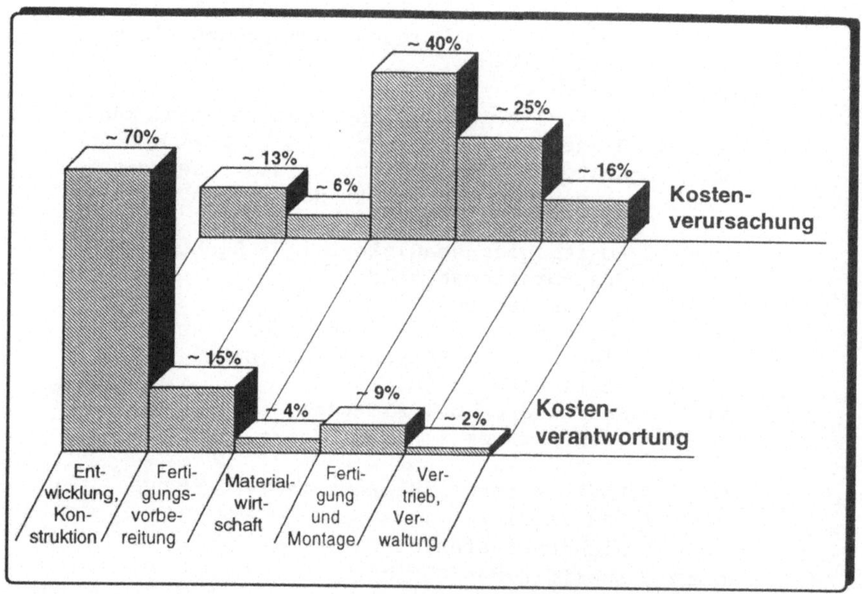

Bild 1:   Kostenverantwortung und Kostenverursachung verschiedener Unternehmensbereiche /4/

Aufgrund des nach wie vor weitverbreiteten Inseldenkens in den einzelnen Unternehmensbereichen, aber auch aufgrund fehlender methodischer Hilfsmittel, trifft man in der Praxis dennoch vor allem eine funktionsorientierte, nur unzureichend auf die Fertigung abgestimmte Gestaltung der Werkstücke an.

Dieses jedes produzierende Unternehmen beschäftigende Problem tritt auch in der Blechteilefertigung immer stärker zutage. In der Blechteilefertigung wurden im Vergleich zur spanenden Fertigung flexible Fertigungseinrichtungen zeitversetzt eingeführt /10/. So sind hier neben der grundsätzlichen Aufgabe der Abstimmung zwischen Konstruktion und Fertigung auch noch ein Technologiesprung durch die Einführung von flexiblen Blechteilefertigungszellen und -systemen und damit auch Änderungen der Fertigungsstruktur zu bewältigen /11, 12, 13/. Zudem ergeben sich durch den verstärkten Einsatz von CAD-Systemen und deren Möglichkeiten zur schnellen Variantenkonstruktion /111/ weitere Anforderungen an die flexible Blechteilefertigung. Bei all diesen sich ändernden Fertigungsanforderungen werden jedoch die fertigungstechnischen Möglichkeiten und Restriktionen nicht oder zu wenig beachtet.

Die Ergebnisse sämtlicher Analysen unterschiedlicher Werkstückspektren und Fertigungseinrichtungen für die Blechbearbeitung, die in zahlreichen blechverarbeitenden Industriebetrieben vom Verfasser durchgeführt wurden, weisen auf eine solche unzureichende fertigungsgerechte Gestaltung der Blechwerkstücke hin /14, 15, 16, 17/. Zum Ausdruck kommt dies beispielsweise durch eine große Vielfalt an Konturelementen, Profilarten und -abmessungen von Blechwerkstücken, woraus sich häufig ein Bedarf an Sonderwerkzeugen ableitet und sich der Fertigungsaufwand unnötig erhöht. Weiter zeigt sich die unzureichende Abstimmung zwischen den konstruktiven und fertigungstechnischen Bereichen auch durch fehlende Konstruktionsänderungen oder -überarbeitungen beim Einsatz neuer Maschinenkonzepte mit der Folge einer nur unzureichenden Auslastung der Fertigungseinrichtungen durch das vorhandene Werkstückspektrum.

Um hier zu Verbesserungen zu gelangen und somit das Potential flexibler Fertigungssysteme in der Blechbearbeitung bestmöglich zu nutzen, kann die Abstimmung zwischen Konstruktion und Fertigung grundsätzlich auf zwei verschiedenen Wegen beziehungsweise in

zweierlei Richtungen durchgeführt werden, die sich hinsichtlich ihres Aufwandes und des Zeitrasters ihrer Anwendbarkeit voneinander unterscheiden:
Diese beide Richtungen sind, unterschieden nach Rückwärts- beziehungsweise Vorwärtsbetrachtung,

- die werkstückgerechte Auslegung der Fertigungseinrichtungen und
- die fertigungsgerechte Gestaltung der Blechwerkstücke.

Bei der werkstückgerechten Auslegung der Fertigungseinrichtungen als Anpassung der notwendigen Fertigungseinrichtungen an das Werkstückspektrum ist der - bei Blechwerkstücken charakteristischen, das heißt erheblichen - Veränderung der ebenen und räumlichen Werkstückgeometrie durch den Bearbeitungsfortschritt eine große Bedeutung beizumessen: So verändern sich mit dem Bearbeitungsfortschritt neben der geometrischen Gestalt eines Blechwerkstücks auch die Fertigungsanforderungen außerhalb des eigentlichen Bearbeitungsprozesses, wie beispielsweise Handhabung und Arbeitsraum der Maschine so stark, daß eine neue Werkstückvariante trotz vermeintlicher Ähnlichkeit den Wunsch tiefgreifender Veränderungen im Maschinenpark nach sich ziehen kann. Da die Anpassung der Fertigungseinrichtungen an die Fertigungsanforderungen des Werkstückspektrums nur im Rahmen von Ersatz- und Erweiterungsinvestitionen stattfinden kann, ist sie eine langfristige Planungs- und Realisierungsaufgabe und zudem mit hohen Investitionskosten verbunden. Hinzu kommt noch, daß die Lebensdauer von Produkten ein Vielfaches kürzer ist als die technische Nutzungsdauer der Fertigungseinrichtungen /18, 19/.

Der entgegengesetzte Weg, die Gestaltung der Blechwerkstücke unter Berücksichtigung vorhandener Fertigungseinrichtungen, ist dagegen kostengünstiger, kurzfristiger und häufiger durchzuführen als die Anpassung der Fertigungseinrichtungen an die Werkstücke und stellt für die flexible Blechteilefertigung ein wichtiges und zudem rascher wirksam werdendes Rationalisierungspotential dar. Dieser Weg soll daher im Vordergrund der vorliegenden Arbeit stehen.

1.2   Zielsetzung

Ziel der Arbeit ist die Entwicklung eines Verfahrens zur Bewertung und Verbesserung der fertigungsgerechten Gestaltung von Werkstücken in der flexiblen Blechteilefertigung. Dieses Verfahren soll als methodisches Hilfsmittel bei der technisch/ wirtschaftlichen Abstimmung zwischen Konstruktion und Fertigung die Harmonisierung von Fertigungsanforderungen, die sich aus der Konstruktion der Blechwerkstücke ergeben, mit den fertigungstechnischen Möglichkeiten und Restriktionen, die sich aus den Fertigungseinrichtungen ergeben, unterstützen.

Dabei soll es das Verfahren ermöglichen,

- fertigungstechnisch wirksam werdende Merkmale von Blechwerkstücken sowie werkstückbezogen rückwirkende Merkmale von Fertigungseinrichtungen einander strukturiert gegenüberzustellen,
- quantifizierbare Aussagen über die fertigungsgerechte Gestaltung von Blechwerkstücken zu treffen, das heißt einen Kennwert zur "Fertigungsgerechtheit" zu ermitteln und
- darauf aufbauend Ansätze und Maßnahmen zur systematischen fertigungsgerechten Gestaltung der Blechwerkstücke abzuleiten.

Es sind somit Hilfsmittel zu entwickeln, um die herzustellenden Blechwerkstücke und die in der Blechteilefertigung vorhandenen Fertigungseinrichtungen aufeinander abzustimmen. Dies kann einerseits durch konstruktive Maßnahmen am Blechwerkstück - zur Vereinfachung der Fertigungsaufgabe - geschehen; andererseits kann die technische Leistungsfähigkeit von Fertigungseinrichtungen für die flexible Blechteilefertigung besser ausgenutzt werden. Der hierdurch erzielte Nutzen zeigt sich vor allem in der Reduzierung der Fertigungskosten und in der Erhöhung der Produktivität.

Das theoretisch herzuleitende Verfahren zur Bewertung und Verbesserung der Fertigungsgerechtheit von Blechwerkstücken ist anhand von Beispielen aus der industriellen Praxis auf seine Anwendbarkeit zu erproben, zu überprüfen und anhand der damit erzielten Ergebnisse abschließend zu bewerten.

Die in der Literatur behandelten Moglichkeiten zur Abstimmung
zwischen Konstruktion und Produktion lassen sich untergliedern in
allgemeine Konstruktionskataloge und Gestaltungsrichtlinien, Konzeption der Informationsbereitstellung und -abstimmung, Produktmodellierung, Simultaneous Engineering und in Verfahren zur Bewertung der Fertigungs- und Montagegerechtheit.

2.1   Allgemeine Konstruktionskataloge und Gestaltungsricht-
linien

Schon früh wurde erkannt, daß Rationalisierung im Produktionsun-
ternehmen nicht allein durch fertigungstechnische Maßnahmen erreicht werden kann, sondern vielmehr gerade in konstruktiver Hin-
sicht besondere Anstrengungen erforderlich sind. Hierzu geeignete
Methoden und Erfolge sowie Wechselwirkungen von allgemeinen konstruktiven und fertigungstechnischen Maßnahmen werden von König
/20/ an Beispielen aus dem Landmaschinenbau dargestellt. Hervorge-
hoben werden vor allem die Verringerung der Anzahl Einzelteile mit
dem Ziel einer verminderten Bearbeitung, die Vereinfachung der
Einzelteile mit dem Ziel einer vereinfachten Bearbeitung, die
Ausrichtung der Konstruktion auf besondere Fertigungsverfahren und
die zweckmäßige Anwendung fertigungstechnischer Verfahren.

Zur Umsetzung einer fertigungs- und montagegerechten Produktgestaltung stehen derzeit dem Konstrukteur Konstruktionskataloge zur
Verfügung /21, 22/. Diese stellen eine Sammlung von Konstruktionsrichtlinien zur fertigungs- und montagegerechten Produktgestaltung
dar. Sie sind durch einen einheitlichen Aufbau gekennzeichnet, der
aus einem Gliederungs-, Haupt- und Zugriffsteil besteht. Eine Bei-
spielsammlung für die fertigungsgerechte Werkstückgestaltung im
Hinblick auf ein automatisiertes Zubringen, Fertigen und Montieren
stellt die VDI-Richtlinie 3237 /23/ dar. Dort sind anhand von
Werkstückbeispielen jeweils eine bisherige und auch eine neue fer-
tigungs- beziehungsweise montagegerechte Variante dargestellt sowie deren Vor- und Nachteile beschrieben. In ähnlicher Weise werden in /24, 25/ allgemeine Gestaltungsrichtlinien für das ferti-

gungs- und werkstoffgerechte Konstruieren erarbeitet, wo anhand von Gut-Schlecht-Beispielen der Übergang von einer ungünstigen zu einer günstigen Konstruktion veranschaulicht wird.

Aufgrund des großen Einflusses konstruktiver Entscheidungen auf Fertigungskosten, Fertigungszeiten und Fertigungsqualitäten werden von Beitz /26/ Hinweise erarbeitet, die es dem Konstrukteur erleichtern, bereits bei seinen Konstruktionsentscheidungen Fertigungsmöglichkeiten zu berücksichtigen. Diese Hinweise haben allgemeingültigen Charakter und beziehen sich auf die fertigungsgerechte Baustruktur, die fertigungsgerechte Werkstückgestaltung, die fertigungsgerechte Werkstoffauswahl, den Einsatz von Standardteilen und fertigungsgerechte Arbeitsunterlagen. Weiter werden Rationalisierungsmöglichkeiten hinsichtlich der Beziehungen zwischen Konstruktion und Fertigung durch Differentialbauweise, Integralbauweise und Verbundbauweise, die produkt- und produktionsspezifisch zu betrachten sind, aufgezeigt. Fur die Rationalisierung der Montage als Teilsystem des gesamten Produktionsprozesses wird der montagegerechten Gestaltung von Werkstücken und Baugruppen eine große Bedeutung beigemessen. In diesem Zusammenhang werden allgemeingültige Hinweise bezüglich Toleranzgerechtheit, Positioniergerechtheit, Zugänglichkeit, Kontrollgerechtheit, Transportgerechtheit und bezüglich montagegerechter Baugruppengliederung aufgestellt. Als Hilfsmittel für den Konstrukteur zur Entscheidung über die Fertigungsgerechtheit der Konstruktion werden Kalkulationsunterlagen zur Abschätzung der Kosten und Fertigungszeiten sowie Vorschriften zur Qualitätssicherung aufgeführt.

Generell anwendbare, allgemeingültige Konstruktionsregeln für ein fertigungsgerechtes Gestalten von Werkstücken werden in /27, 28, 29, 30, 31, 32, 33/ ausführlich dargestellt, bei denen jedoch konkrete maschinenspezifische Daten keine Berücksichtigung finden.

Ebenso werden von Pahl /34/ allgemeine Grundregeln zum einfachen und eindeutigen Gestalten aufgezeigt, die den Konstrukteur bei der fertigungsgerechten Konstruktion unterstutzen sollen.

Für das fertigungsgerechte Gestalten von Maschinenbauteilen im Hinblick auf gieß-, umform-, spanungs- und kunststoffbearbeitungsgerechtes Gestalten sind in /35/ Regeln und Empfehlungen erarbeitet, die einen hohen Grad an Allgemeingultigkeit aufweisen.

Über allgemeine Methoden für das fertigungsgerechte Konstruieren wie beispielsweise Konstruktionsmethodik, Konstruktionsrichtlinien, Beispielkataloge und Relativkosten wird in /36/ eine zusammenfassende Übersicht gegeben.

Die Bedeutung von Maßnahmen zur montagegerechten Produktgestaltung sowie eine geeignete Systematik zu deren Umsetzung zeigt Warnecke in /112/ auf.

Für das spezifische Produktspektrum elektromechanischer Erzeugnisse wird von Gairola /37/ ein umfangreicher Katalog für Maßnahmen zum montagegerechten Konstruieren aufgestellt, der sich hinsichtlich seines Aufbaus stark an /22/ anlehnt. Die Anwendung dieses Kataloges wird aber aufgrund der Vielfalt der Regeln, welche teilweise sehr detailliert und sehr produktspezifisch sind, vergleichsweise aufwendig.

In entsprechender Weise stellt Baßler /38/ Gestaltungsregeln zur montagegerechten Konstruktion in Form eines Konstruktionskataloges mit unterschiedlichen Zugriffsmerkmalen bereit. Hierbei sind die Gestaltungsregeln jedoch so aufgebaut, daß eine individuelle Anpaß- und Erweiterbarkeit für unterschiedliche Produktspektren und Branchen möglich ist.

In der VDI-Richtlinie 2243 "Recyclingorientierte Gestaltung technischer Produkte" /39/ werden fur den Bereich des Produktrecycling drei Grundregeln des recyclingorientierten Konstruierens formuliert. Hierauf aufbauend wurden von Steinhilper /40, 41/ fur das Recyclingverfahren Aufarbeitung aufarbeitungsorientierte Gestaltungsregeln und konstruktive Maßnahmen zur Berücksichtigung des Recycling schon während der Entwicklung und Konstruktion als Gestaltungsbeispiele erarbeitet. Diese lassen sich in demontage-, reinigungs-, prüf-/sortier-, bauteileaufarbeitungs- und montageorientierte Gestaltung gliedern.

Für bestimmte fertigungstechnische Bereiche etablieren sich Arbeitsgemeinschaften wie beispielsweise fur die Galvanotechnik /113/, wo die Wechselwirkungen zwischen Bauteilform und Schichtausbildung untersucht und Richtlinien zum galvanisiergerechten Konstruieren erarbeitet werden.

2.2 Konzeption der Informationsbereitstellung und -abstimmung zwischen Konstruktion und Produktion

Einer erfolgreichen Anwendung von Konstruktionskatalogen als konventionelle Konstruktionhilfsmittel zur Berücksichtigung produktionsrelevanter Gestaltungsrichtlinien stehen nach Muschiol unzureichende und nicht aktuelle Informationsinhalte, verteilte Informationen, schwierige und zeitaufwendige Informationshandhabung und unzureichende Informationsdarstellungen entgegen. Daher erarbeitet Muschiol /42/ ein Konzept zur rechnerunterstützten Informationsbereitstellung für die Konstruktion am Beispiel montageorientierter Gestaltungsrichtlinien. Zielsetzung hierbei ist das schnellere Auffinden der erforderlichen Informationen verbunden mit dem geringeren Aufwand für die Informationspflege sowie einer erleichterten Verarbeitung.

Die sowohl von Mewes /43/ als auch von Beitz und Schnelle /44/ entwickelten Informationssysteme für die Konstruktion führen eine Zuordnung von Informationen in die Konstruktionsmethodik durch, die sich auf funktional-technische Aspekte konzentriert. Somit zielen sie auf die Unterstützung der technischen Lösungsfindung, wobei die Berücksichtigung von Produktionsrestriktionen unberücksichtigt bleibt.

Mit der Entwicklung eines Modells zur Abbildung des Informationsbedarfs für die fertigungsgerechte Konstruktion am Beispiel der spanenden Teilefertigung liefert Brachtendorf /45/ einen Beitrag zur Systematik hinsichtlich der notwendigen Informationsflüsse für eine Ausrichtung der Konstruktion auf die produktionstechnischen Belange. Basis dieses Informationsmodells bildet die Strukturierung der Anforderungen seitens flexibel automatisierter, spanender Fertigungseinrichtungen und deren Einordnung in eine Konstruktionssystematik.

Zur Unterstützung der Verbindung des Konstruktions- und Arbeitsplanungsprozesses wird von Grottke /46/ eine System- und Modellstruktur entwickelt, um eine gegenseitige Durchdringung des Wissens in verschiedenen Unternehmensbereichen zu ermöglichen. Die Generierung von produkt- und fertigungsbeschreibenden Daten in simultanen oder iterativen Prozessen hat eine Verlagerung arbeitsplanungsbezogener Tätigkeiten in die Umgebung von Konstruktionssystemen zur Folge.

Ebenso beschäftigt sich Rothley mit der informationstechnischen Kopplung der Konstruktion und der Arbeitsvorbereitung, um die Fertigungsgerechtheit eines Produktes zu verbessern. In /36/ wird ein Konzept für ein Informationssystem auf Basis von technischen Formelementen aus dem Gebiet der spanenden Fertigung entwickelt, das Informationen aus der Fertigung schon während der Produktkonstruktion zur Verfügung stellt. Hierbei werden geometrische Werkstückdaten und technische Daten uber mögliche Fertigungsverfahren und -einrichtungen in einem rechnerinternen Modell abgebildet.

Zur Abstimmung zwischen Produktgestaltung und Produktion ist die Aufbereitung und Strukturierung der notwendigen Informationen von großer Bedeutung. Bisher wird zur Beschreibung von Werkstücken und Fertigungseinrichtungen in der Literatur überwiegend die Bildung definierter Bereiche fur alle Kenndaten - Klassifizierung - aufgezeigt /47, 48/. Diese in der Praxis mit dem Schwerpunkt bei der spanenden Bearbeitung angewandten Nummern- und Klassifizierungssysteme unterstützen den Anwender beispielsweise bei der Suche nach Fertigungseinrichtungen, um diejenigen auszuwählen, die im Sinne der Klassifizierung eine gleiche Funktionserfüllung ermöglichen /49, 50/. Diese Klassifizierungssysteme eignen sich jedoch nicht für eine genaue Beschreibung von Einsatzkriterien einzelner Fertigungseinrichtungen. Die Beschreibung spezieller Kenndaten von Fertigungseinrichtungen wird in /51/ durchgeführt, wobei aber nur Werkzeugmaschinen zur spanenden Bearbeitung untersucht werden.

2.3 Produktmodellierung

Weitere Ansätze für eine integrierte Informationsverarbeitung im Unternehmen werden durch Arbeiten im Bereich der Produktmodellierung repräsentiert /52, 36, 53, 54/. Im Produktmodell stellen die Geometriedaten das Produkt eindeutig dar, wohingegen die technischen und technologischen Daten den Fertigungsprozeß beschreiben. Ziel hierbei ist die Dokumentation aller Informationen, die für einen Auftrag von der Angebotserstellung uber die Fertigung und Auslieferung bis zum Ablauf der Produktverantwortung anfallen. Produktmodelle werden derzeit in der Praxis jedoch nur ansatzweise eingesetzt. Deren Spezifizierung ist heute noch Gegenstand der

Forschung, wobei zwei Ansätze zur Spezifizierung bekannt sind. Beim Schichtenmodell werden die Informationen des Produktmodells durch die Zuordnung in unterschiedliche logische Informationsschichten strukturiert /55/. Beim Produktmodell auf der Basis von Partialmodellen erfolgt die Strukturierung der Produktinformationen in definierten Teilmengen, wobei vom Anforderungsprofil des Entwicklungs- und Konstruktionsprozesses ausgegangen wird /56/.

2.4   Simultaneous Engineering

Der gestiegenen Komplexität von Produkten und der Forderung, die damit verbundenen umfangreichen Planungsaufgaben in immer kürzeren Zeiträumen zu bearbeiten, wird durch die Entwicklung neuer Methoden und Verfahren begegnet. Eine Lösungsmöglichkeit liegt in der Parallelisierung von Produktgestaltung und Produktionsmittelplanung. Diese Strategie als organisatorischer Ansatz wird mit dem Begriff "Simultaneous Engineering" bezeichnet /52, 57, 58, 59, 60/ und hat den Übergang von einer funktionsorientierten zu einer objektorientierten Arbeitsweise zum Ziel, um möglichst viele Anforderungen frühzeitig bei der Produktentwicklung zu berücksichtigen /61, 62/. Simultaneous Engineering bietet die organisatorische Grundlage, um die notwendigen methodisch-technischen Lösungsmöglichkeiten zur Integration der unterschiedlichen Aufgaben einzelner Bereiche in den Unternehmen umzusetzen.
Zu den neueren methodisch-technischen Losungsmöglichkeiten zählen unter anderem der Einsatz von Expertensystemen in der Entwurfsphase /63, 64/, die Berechnung, Optimierung /65, 66/ und Simulation /67/ im Rahmen der Teileauslegung und Dimensionierung während der Produktgestaltung. Weitere Lösungsmoglichkeiten, die die Optimierung der Produktstruktur zum Ziel haben, sind die Variantenanalyse und die DFA (Design For Assembly)-Methode /68/. Die Nutzung von CAD-Systemen /69/ sowie die Anwendung der Wertanalyse und der FMEA (Failure Mode And Effects Analysis) /70/ haben sich in der betrieblichen Praxis bereits bewährt.
Arbeiten von Bernhart /71/ und Schmidt /72/ befassen sich mit der Entwicklung von Verfahren zur simultanen rechnergestützten Bearbeitung von Montageplanungs- und Produktentwicklungsaufgaben, die sich auf ein gemeinsames objektorientiertes Produkt- und Produk-

tionsmodell beziehen und deren Anwendungsbereich sich auf die flexible Serienmontage eingrenzt. Mit der Zielsetzung einer besseren Abstimmung zwischen der Gestaltung von Produkt- und Produktionssystem wird ein rechnergestütztes Verfahren zur Beurteilung des Entwurfs neuer Produktvarianten unter dem Blickwinkel der Montage auf bestehenden Anlagen entwickelt. Hierbei wird ausgehend von der Analyse geometrischer und technologischer Produktdaten die Bauteilgeometrie im Hinblick auf die Moglichkeiten der eingesetzten Handhabungs- und Bereitstelleinrichtungen beurteilt, um Produktänderungsvorschläge abzuleiten.

2.5 Verfahren zur Bewertung der Fertigungs- und Montagegerechtheit

Die von Schraft und Bäßler, deren Erarbeitung eines Konstruktionskataloges zur montagegerechten Konstruktion bereits in Abschnitt 2.1 angesprochen wurde, durchgeführten Analysen von Hilfsmitteln zur Umsetzung der montagegerechten Produktgestaltung ergeben, daß neben Gestaltungsregeln vor allem Verfahren zur Bewertung der Montagegerechtheit von großer Bedeutung sind /73, 38/. Herausforderung hierbei ist es, das vielseitige und komplizierte Wissen auf diesem Gebiet durch geeignete Methoden in quantifizierbaren Bewertungsgrößen zu erfassen. In /38/ werden die vier bekanntesten Methoden zur Bewertung der Montagegerechtheit /37, 74, 75, 76/ zusammenfassend dargestellt. Gemeinsam ist diesen vier Methoden, daß sie jeweils einen Faktor ermitteln, welcher eine Aussage über die Montagegerechtheit macht. Unterschiedlich bei diesen Methoden ist vor allem die Vorgehensweise, so daß die Bewertung zum einen nur aufgrund von in Tabellen abgelegten Erfahrungswerten erfolgt und zum anderen aufgrund von Algorithmen, welche durch das Produkt bestimmt werden. Entsprechend der Forderung nach Allgemeingültigkeit der Bewertung der Montagegerechtheit und Integration in den Konstruktionsprozeß wird in /38/ ein Verfahren zur Bewertung der Montagegerechtheit von Produkten in unterschiedlichen Phasen im Konstruktionsprozess entwickelt. Durch Verknüpfung von Montageaufwand und Nutzen der entsprechenden Montageoperation werden für ein breites Produktspektrum Kennwerte ermittelt, die die Basis zur Spezifikation von montagetechnischen Schwachstellen darstellen.

Für die Gießereibranche wurden in /77/ Verfahren zur Abstimmung zwischen Gußwerkstück und Gußputzverfahren entwickelt. Schwerpunkt hierbei ist ein rechnergestütztes Instrumentarium zur Gußteilbewertung und Verfahrensauswahl für das Gußputzen mit Industrierobotern. Die werkstückseitigen Einflußgrößen werden in Form von quantifizierbaren Bewertungskriterien erfaßt und aufbereitet. Diese bilden unter Berücksichtigung der Wechselbeziehung mit den verfahrensbedingten Einflußgrößen die Grundlage für eine werkstückorientierte Verfahrensauswahl zum Gußputzen mit Industrierobotern. Neben der Eignungsermittlung ermöglicht das Verfahren Hinweise auf Schwachstellen für eine gezielte Änderung der Gußteilkonstruktion zur Verbesserung der Möglichkeiten des Einsatzes von Gußputzrobotern. Es werden jedoch keine Hilfestellungen beispielsweise in Form von Richtlinien erarbeitet, die einer eventuellen Verbesserung des bewerteten Gußwerkstückes dienen.
In Ergänzung zu seinem konzipierten Informationssystem (Abschnitt 2.2) wird in /36/ von Rothley ein Bewertungsverfahren entwickelt, anhand dessen fertigungstechnische Alternativen im Hinblick auf vorhandene Fertigungsmöglichkeiten auf Basis von Kennzahlen wie beispielsweise Automatisierungsgrad oder Universalität bewertet werden können.

2.6   Folgerungen aus den Erkenntnissen

Die Problemstellung der Abstimmung von Konstruktion und Produktion ist in der Literatur bekannt und führte überwiegend für den Bereich der Montage zu Entwicklungen von Verfahren und Methoden zur montagegerechten Produktgestaltung /38, 78, 79, 80, 42, 81/.

Im übrigen ist sowohl bei der spanenden als auch bei der spanlosen Teilefertigung ein Mangel an Abstimmung zwischen den Bereichen Konstruktion und Fertigung anzutreffen, wobei für die spanende Fertigung erste Lösungsansätze zur aufgezeigten Problemstellung erarbeitet wurden /36, 45/. Diese sind vor allem gekennzeichnet durch die informationstechnische Verknupfung der Daten aus Konstruktion und Arbeitsvorbereitung. Als konkrete methodisch/technische Ansätze zur Abstimmung zwischen Konstruktion und Fertigung lassen sich diese nur bedingt auf die flexible Blechbearbeitung übertragen, da sich die fertigungstechnischen Möglichkeiten und

Anforderungen bei der spanenden und Blechteilefertigung grundsätzlich unterscheiden. Dies gilt nicht nur, weil die flexible Blechteilefertigung keine Komplettbearbeitung in einer Aufspannung kennt, sondern für die ebene und Biegebearbeitung stets mindestens zwei Arbeitsgänge erfordert. Auch ist der Bearbeitungsfortschritt bei Blechwerkstücken oft mit einer erheblichen Volumenzunahme verbunden im Gegensatz zu einer Volumenabnahme bei spanend bearbeiteten Werkstücken.

Allgemein ist keine systematische Vorgehensweise für den Bereich der Fertigung bekannt, die eine Bewertung und Verbesserung der Fertigungsgerechtheit von Blechwerkstücken ermöglicht.

Im Bereich der teilegebundenen Fertigung von Blechwerkstücken existieren zwar Ansätze zur fertigungsgerechten Konstruktion /82, 24/, die sich jedoch fast ausschließlich auf allgemeine Richtlinien beschränken. Für deren Umsetzung in der flexiblen Blechteilefertigung sind jedoch noch keine Arbeiten bekannt, welche die Möglichkeiten und Restriktionen der Fertigungseinrichtungen für die flexible nicht teilegebundene Blechteilefertigung berücksichtigen.

Die Auswertung der Literatur über Arbeiten bezüglich der Abstimmung zwischen Konstruktion und Produktion macht somit insgesamt deutlich, daß bei der Aufgabe der Abstimmung zwischen Konstruktion und Produktion ein Defizit vor allem auf dem Gebiet der Blechbearbeitung vorliegt. Insbesondere fehlt es an einer Systematik zur Bewertung und Verbesserung der Fertigungsgerechtheit von Werkstücken für die flexible Blechteilefertigung. **Bild 2** zeigt diese Lücke als weiße Felder in einer Matrixdarstellung über beim Stand der Erkenntnisse verfügbaren Lösungsansätze für unterschiedliche Produktionsaufgaben.

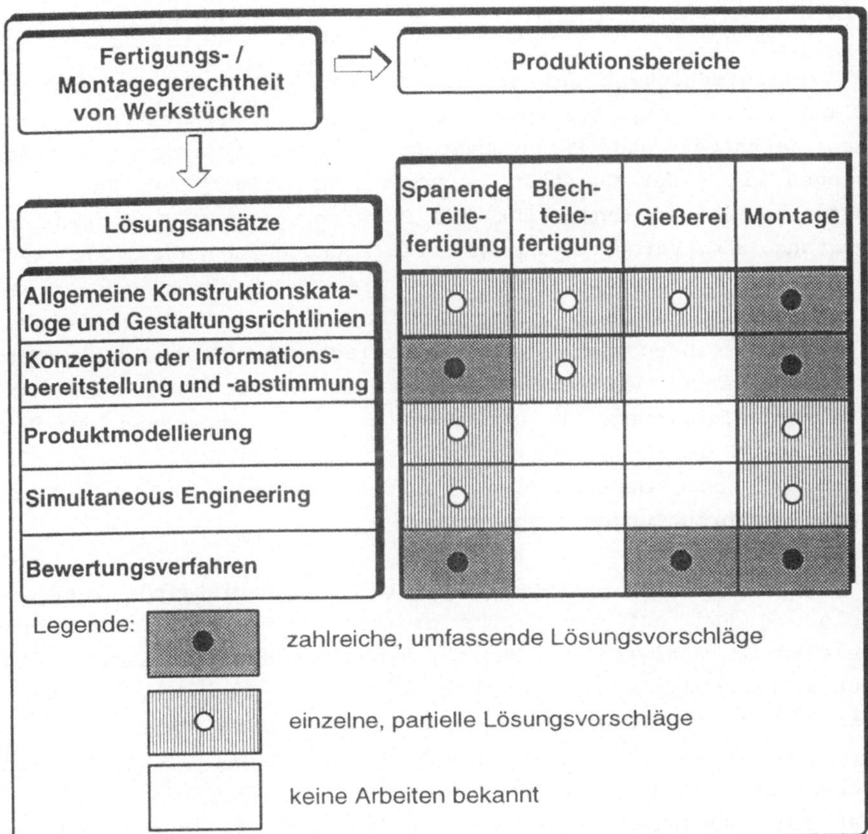

Bild 2: Lösungsansätze zur Abstimmung zwischen Konstruktion und Produktion

Hieraus ergibt sich für die flexible Blechteilefertigung ein Entwicklungsbedarf an Methoden und Verfahren zur Abstimmung zwischen Konstruktion und Fertigung, die die Fertigungsgerechtheit von Blechwerkstücken unterstützen.

     **Systematik eines Verfahrens zur Bewertung und Verbesse-
rung der Fertigungsgerechtheit von Blechwerkstücken**

Die Vielschichtigkeit der Fertigungstypen und Fertigungsverfahren
und die daraus resultierende Vielfalt an Wechselbeziehungen zwischen Werkstück und Fertigungseinrichtungen erfordern - sofern
Aussagen mit einer Qualität jenseits sehr allgemeiner Regeln getroffen werden sollen - für die Entwicklung des Verfahrens zur
Bewertung und Verbesserung der Fertigungsgerechtheit von Werkstücken die Einschränkung auf einen klar definierten Bereich. Das
Betrachtungsfeld wird in dieser Arbeit auf die flexible Blechteilefertigung eingegrenzt. Weiterhin liegt das Haupteinsatzgebiet
des zu entwickelnden Verfahrens bei der Einzel- und Klein- bis
Mittelserienfertigung, da vor allem dort die Anpassung der Konstruktion an das Fertigungspotential eine große Rolle spielt. Bei
Großserien- und Massenfertigung werden häufig produktspezifische
Fertigungseinrichtungen eingesetzt /36/.

Die Erarbeitung der Systematik für das zu entwickelnde Verfahren
erfolgte jedoch auf einer sehr breiten Basis: Im Rahmen dieser
Arbeit wurden Analysen von Werkstuckspektren und eingesetzten Fertigungseinrichtungen zur Blechbearbeitung für den Schaltschrank-,
Großbackanlagen-, Druckanlagen- und Kuhlmobelbau, für Lagersysteme
und Komponenten der Fördertechnik fur die Druckindustrie
durchgeführt. Dadurch ist eine sehr breit angelegte Repräsentativität für das Gebiet der gesamten flexiblen Blechteilefertigung
gegeben.

Zur Erarbeitung der Systematik für das Verfahren zur Bewertung und
Verbesserung der Fertigungsgerechtheit von Blechwerkstücken erfolgt zunächst die Klärung der für die Systematik notwendigen und
in dieser Arbeit verwendeten Begriffe. Danach folgt die Aufstellung der Anforderungen an das Verfahren. Auf dieser Grundlage werden der Aufbau und die Aufgaben des Verfahrens erarbeitet.

3.1   Begriffliche Klärung

Die **Abstimmung** zwischen Konstruktion und Fertigung hat die fertigungsgerechte Gestaltung von Werkstücken und eine werkstückgerechte Auslegung von Fertigungseinrichtungen zum Ziel und wird als
Ausgleich konkurrierender Ziele von Konstruktion - die Gestaltung
der Werkstücke zur Erfüllung der geforderten Funktion - und Fertigung - die Herstellung der Werkstücke mit minimalem Zeit- und
Kostenaufwand - verstanden. Im Rahmen dieser Arbeit soll die
Anpassung der Werkstücke an die Fertigungseinrichtungen unterstützt werden. Durch die Einflußnahme produktionstechnischer Randbedingungen oder Vorgaben auf die Werkstückgestaltung und -detail-
lierung und die damit zusammenhängende Bestimmung des Fertigungs-
ablaufes kann in geeigneter Weise der Gestaltungsprozess des
Blechwerkstückes mit demjenigen der Fertigung dieses Blechwerkstückes in Einklang gebracht werden /46/.

Unter dem Begriff **fertigungsgerecht** wird die gezielte konstruktive
Berücksichtigung der Möglichkeiten der Fertigungstechnik verstanden, die sich aus vorhandenen und zum Einsatz kommenden Fertigungseinrichtungen ergeben. In Anlehnung an Rothley /36/ wird ein
Blechwerkstück dann als fertigungsgerecht bezeichnet, wenn der
Fertigungsaufwand in Kosten und Zeit für das Blechwerkstück bei
Erfüllung der funktionalen Werkstückanforderungen ein Minimum erreicht. Der Grad der Erfüllung und der Berücksichtigung der Möglichkeiten und der Restriktionen der Fertigungstechnik, die sich
aus vorhandenen und zum Einsatz kommenden Fertigungseinrichtungen
ergeben, wird durch die **Fertigungsgerechtheit** ausgedrückt.

Die Betrachtung der Fertigungsgerechtheit bezüglich bestimmter
Teilaspekte wie zum Beispiel werkzeug- oder handhabungsgerecht,
die bei der Ermittlung der Bewertungskriterien in Kapitel 6 näher
untersucht werden, ergibt sich aus den verschiedenen Fertigungseinrichtungen, die zusammen zur Bewaltigung der gesamten Fertigungsaufgabe beitragen. Für die **Fertigungseinrichtungen** liegt im
Rahmen dieser Arbeit das Betrachtungsfeld bei der flexiblen Blechteilefertigung in den Teilbereichen ebene Bearbeitung, Biegebearbeitung und Materialfluß mit Handhabung, Transport und Lager.

Unter der **fertigungsorientierten** Analyse der Blechwerkstücke zur Ermittlung und Strukturierung der Werkstückmerkmale ist die Untersuchung der Blechwerkstücke im Blickwinkel der Fertigung beziehungsweise deren Fertigungseinrichtungen mit deren fertigungstechnischen Möglichkeiten und Restriktionen zu verstehen.

Die **werkstückorientierte** Analyse der Fertigungseinrichtungen zur Ermittlung und Strukturierung der Merkmale der Fertigungseinrichtungen ist hingegen als Untersuchung der Fertigungseinrichtungen im Blickwinkel der Blechwerkstücke mit deren fertigungstechnischen Anforderungen zu verstehen.

Die zu erarbeitenden werkstuck- und fertigungsbezogenen Gesetzmäßigkeiten, die die Verknüpfungen, Zuordnungen und gegenseitigen Abhängigkeiten zwischen den Merkmalen beinhalten, werden im folgenden als **Wechselbeziehungen** bezeichnet.

3.2 Anforderungen an das Verfahren

Das Verfahren mit seinen Teilkomponenten wie Bewertungsmethode und Gestaltungsregeln soll sowohl in der Konstruktion als auch in der Arbeitsvorbereitung vorteilhaft angewendet werden können. Der Nutzen des Verfahrens für die Konstruktion soll bei der Unterstützung der fertigungsgerechten Konstruktion von Blechwerkstücken liegen. Hierzu muß die Ermittlung konstruktiver Verbesserungspotentiale am Blechwerkstück in bezug auf die Fertigungsgerechtheit durchgeführt werden können. Darüber hinaus sind Maßnahmen zur Verbesserung der Fertigungsgerechtheit abzuleiten. Die Arbeitsvorbereitung ist im Rahmen der Arbeitsplanerstellung bei der Auswahl der für ein Blechwerkstück geeigneten Fertigungseinrichtungen zu unterstützen. Um einerseits eine Abstimmung der Blechwerkstücke auf die Fertigungseinrichtungen und andererseits einen auf die Werkstücke abgestimmten Einsatz von Fertigungseinrichtungen zu unterstützen, muß das Verfahren die unterschiedlichen Einflußgrößen im Fertigungsablauf der flexiblen Blechbearbeitung berucksichtigen, die jeweils unterschiedliche Anforderungen an die Konstruktion der Blechwerkstücke stellen. Damit sind die Bereiche der ebenen Bearbeitung, der Biegebearbeitung und des Materialflusses mit einzubeziehen. Da eine konstruktive Maßnahme zwar zum Zeitpunkt ihrer Entscheidung und der damit verbundenen Bewertung fertigungsgerecht sein kann,

später bei veränderten Fertigungsbedingungen aber nicht mehr, muß
das Verfahren hinsichtlich des Einsatzes weiterer und neuer Fertigungseinrichtungen leicht anpaßbar und erweiterbar sein.

Die für die Anwendung des Verfahrens notwendigen Informationen
sind aus praxisüblichen Unterlagen, das heißt zum einen aus Zeichnungen und Stücklisten, aus Datenträgern und zum anderen aus
Maschinendatenblättern und Werkzeuglisten zu entnehmen, wobei die
konkreten fertigungstechnischen Möglichkeiten und Restriktionen
innerhalb einer flexiblen Blechteilefertigung berücksichtigt werden müssen.
Generell muß eine Objektivität und Reproduzierbarkeit sowie die
Konzentration auf die wesentlichen werkstück- und fertigungsbezogenen Aspekte bei der Bewertung der Fertigungsgerechtheit gewährleistet sein. Praktikabilität und wirtschaftliche Einsetzbarkeit
sollen zur Erzielung einer hohen Akzeptanz durch den Anwender beitragen. Damit die Anwendung mit vertretbarem Aufwand zum Ziel führen kann, ist auch der Einsatz von organisatorischen und technischen Hilfsmitteln insbesondere auch Anwendungen mit Rechnerunterstützung prinzipiell zu ermöglichen.

3.3 Aufbau und Aufgaben des Verfahrens

Die in Abschnitt 3.2 dargestellten Anforderungen an das Verfahren
zur Bewertung und Verbesserung der Fertigungsgerechtheit von
Blechwerkstücken für die Abstimmung zwischen Konstruktion und Fertigung in der flexiblen Blechteilefertigung sollen als Ausgangs-
punkt für die Entwicklung des Verfahrens dienen.

Als Ausgangsbasis werden zunächst die Informationen ermittelt und
aufbereitet, die hierbei auch benotigt werden. Hierzu zählen im
wesentlichen Informationen über Blechwerkstucke und Fertigungseinrichtungen:
Die Fertigungsanforderungen in der flexiblen Blechteilefertigung
werden durch die Blechwerkstücke mit deren Merkmalen repräsentiert. Die Merkmale der Fertigungseinrichtungen stellen die fertigungstechnischen Möglichkeiten und Restriktionen in der flexiblen
Blechteilefertigung dar. Um die Vielfalt und Komplexität der

informationstechnischen Beziehungen zwischen den Merkmalen der Blechwerkstücke und deren Auswirkungen auf die flexible Blechteilefertigung zu beherrschen, muß eine Strukturierung der Merkmale von Blechwerkstück und Fertigungseinrichtung vorgenommen werden. Wie **Bild 3** zeigt, stellt diese Ermittlung und Strukturierung der Merkmale die Merkmalsbasis für das zu entwickelnde Verfahren dar. Anhand der Entwicklung der Wechselbeziehungen zwischen diesen Merkmalen, die die werstück- und fertigungsbezogenen Gesetzmäßigkeiten beschreiben, und der Entwicklung der daraus abgeleiteten Gestaltungsregeln zur fertigungsgerechten Konstruktion von Blechwerkstücken erfolgt die Erarbeitung der Regelbasis. Deren zielgerichteter Einsatz dient der Verbesserung und Gewährleistung der Fertigungsgerechtheit.

Eine zentrale Aufgabe des zu entwickelnden Verfahrens stellt dann entsprechend dem Aufbau des Verfahrens nach Bild 3 die Bewertung der Fertigungsgerechtheit der Blechwerkstücke dar. Somit besteht nach der Erstellung der Merkmals- und Regelbasis des Verfahrens, die je nach Anwendungsfall im Detail unterschiedlich und unternehmensspezifisch ausgeprägt ist, die nachste Aufgabe in der Bewertung der Fertigungsgerechtheit der Blechwerkstücke in einer quantitativen Aussage. Für die Bewertung bedarf es somit der Erarbeitung von Bewertungskriterien, die die Fertigungsgerechtheit umschreiben. Diese Kriterien werden ausgehend von den Wechselbeziehungen unter Berücksichtigung der fertigungstechnischen Möglichkeiten und Restriktionen formuliert und ermoglichen durch Umsetzung in Algorithmen die Bildung von Kennwerten. Die Verknüpfung der Kriterien führt dann über die Kennwertermittlung zu einer quantifizierbaren Aussage und Bewertung der Fertigungsgerechtheit der Blechwerkstücke.

Aufbauend auf den Ergebnissen der Bewertung kann als weitere Aufgabe eine Verbesserung der Fertigungsgerechtheit erforderlich werden. Hierzu werden die konstruktiven Verbesserungspotentiale am Blechwerkstück aus fertigungstechnischer Sicht anhand der ermittelten Kennwerte der einzelnen Kriterien zur Fertigungsgerechtheit ermittelt. Die Verbesserung erfolgt dann durch die gezielte Anwendung der Gestaltungsregeln, deren Auswirkungen in einem Iterationsschritt erneut bewertet werden können.

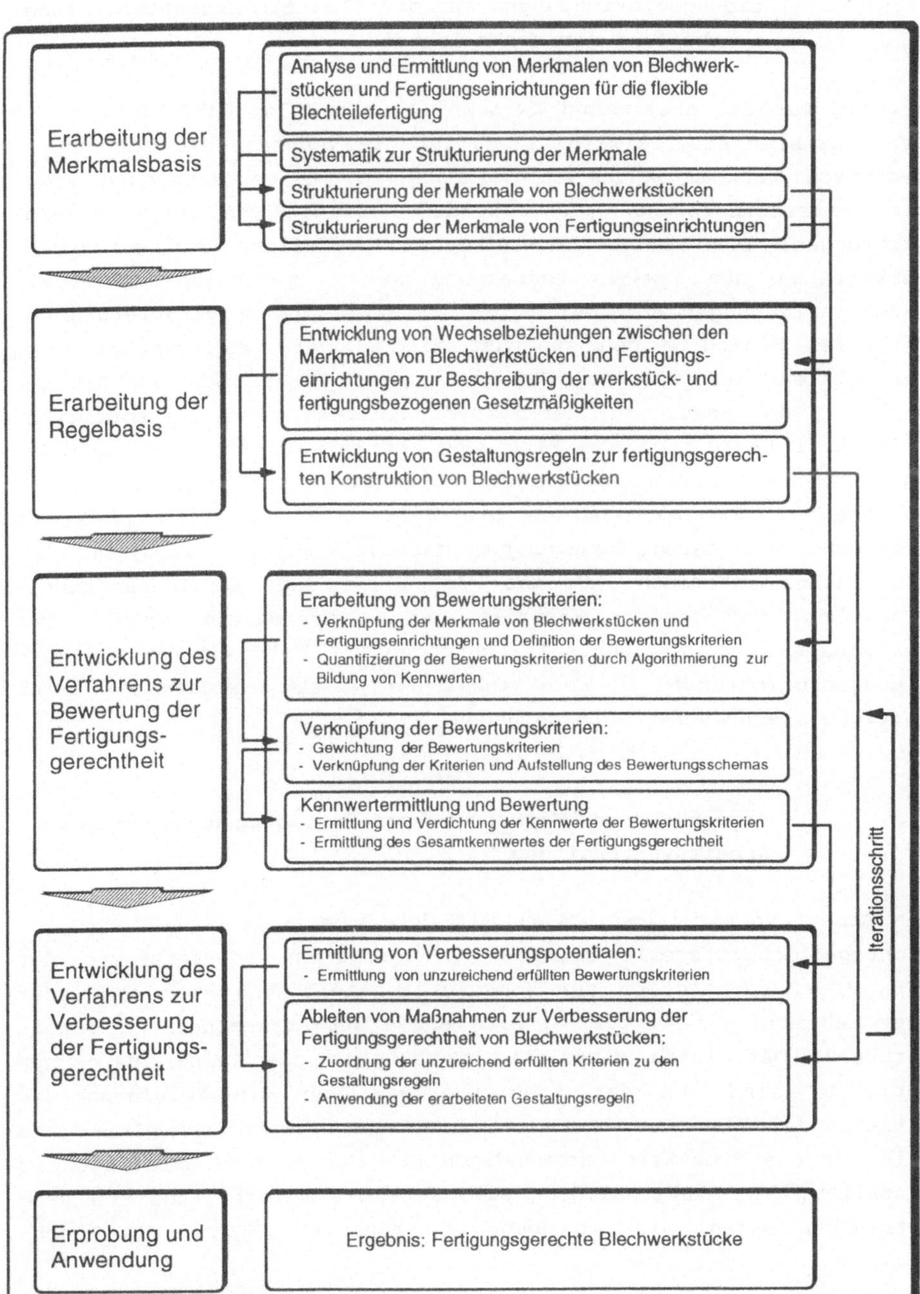

Bild 3:   Aufbau des Verfahrens

4 Strukturierung von Merkmalen von Werkstücken und Fertigungseinrichtungen für die flexible Blechbearbeitung: Erarbeitung der Merkmalsbasis

Wichtig für die Abstimmung zwischen Konstruktion und Fertigung in der flexiblen Blechteilefertigung ist die Kenntnis der fertigungstechnisch wirksam werdenden Merkmale von Blechwerkstücken sowie die werkstückbezogenen rückwirkenden Merkmale von Fertigungseinrichtungen. Die zielgerichtete Gegenüberstellung der Werkstückmerkmale zu den jeweils korrespondierenden Merkmalen der Fertigungseinrichtungen erfordert eine systematische Strukturierung der Merkmale. Hierzu werden zunächst die in der Arbeitsvorbereitung verwendeten Daten auf ihre Nutzbarkeit und Klassifizierung hin untersucht, um Ansätze zur Merkmalsstrukturierung für die Abstimmung zwischen Konstruktion und Fertigung abzuleiten. Zur Erfassung der auftretenden fertigungsrelevanten Werkstuckmerkmale werden bei der Analyse von Blechwerkstücken die Werkstucke im Blickwinkel der Fertigung mit deren fertigungstechnischen Moglichkeiten und Restriktionen untersucht. Um das Wissen uber die fertigungstechnischen Möglichkeiten und Restriktionen zu erarbeiten, erfolgt bei der Analyse der Fertigungseinrichtungen die Untersuchung der Fertigungseinrichtungen im Blickwinkel der Blechwerkstucke mit deren fertigungstechnischen Anforderungen.

4.1 Verwendung von Werkstück- und Fertigungsdaten in der Arbeitsvorbereitung

Die Arbeitsvorbereitung stellt mit der Arbeitsplanerstellung eine wichtige Schnittstelle zwischen Konstruktion und Fertigung dar /36, 9/. Ausgehend von der Konstruktionszeichnung - manuell oder über CAD erstellt - ,die in Form eines Geometriemodells als konstruktive Definition eines Blechwerkstucks oder einer Baugruppe vorliegt, sind von der Arbeitsvorbereitung die Fertigung des betreffenden Blechwerkstücks in ihrer Durchfuhrung zu planen und alle für die Produktion notwendigen Anweisungen und Unterlagen zu erstellen. Die Arbeitsplanung erfordert die Verarbeitung von geometrischen Daten, die die ebene und raumliche Kontur des Blechwerkstücks beschreiben, sowie von materialbezogenen, technologischen und organisatorischen Daten /46/.

Der Arbeitsplan eines Werkstücks wird üblicherweise in fünf aufeinander aufbauenden Planungsschritten entsprechend **Bild 4** erstellt /83/.

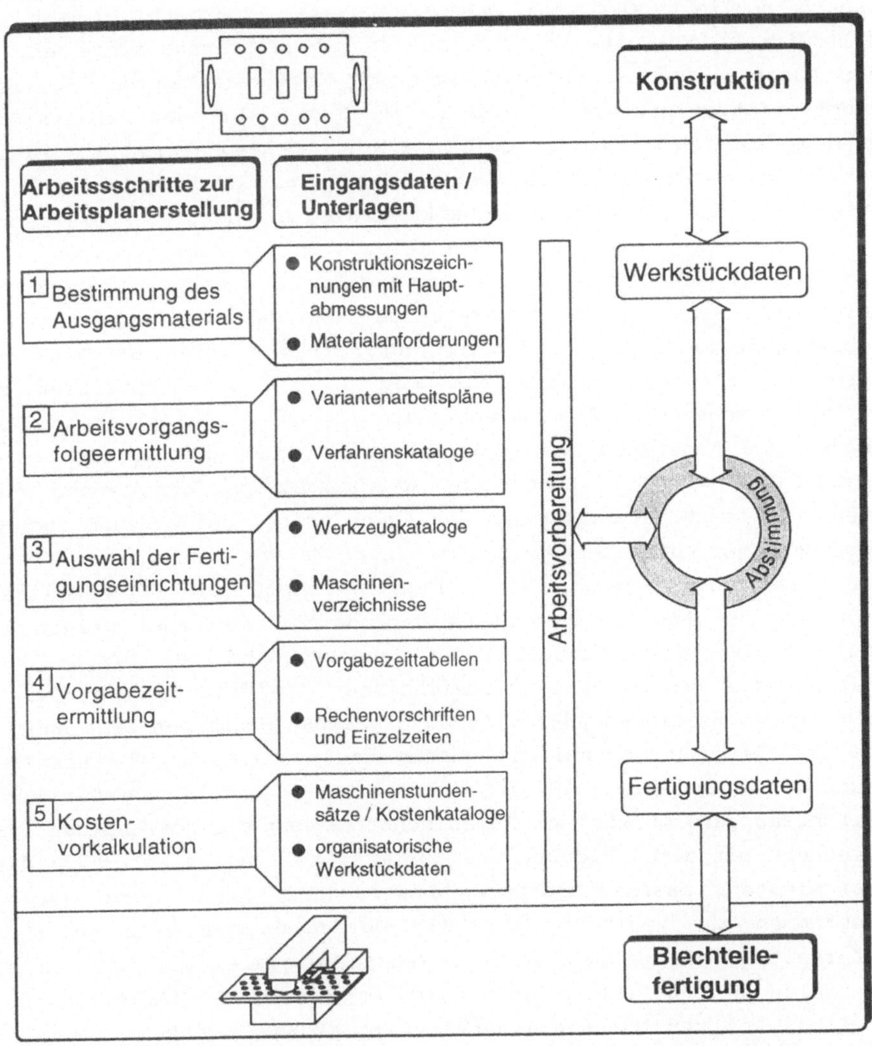

Bild 4: Arbeitsvorbereitung und Abstimmung zwischen Konstruktion und Fertigung

Im ersten Schritt erfolgt ausgehend von der Konstruktionszeichnung mit den Hauptabmessungen und den Materialanforderungen die Bestimmung des Ausgangsmaterials. Hierbei wird der Planer durch Materialkataloge und Werkstoffnormen unterstützt, in denen Daten über standardisierte Tafelabmessungen und Festigkeiten enthalten sind.

Danach schließt sich die Arbeitsvorgangsfolgeermittlung mit den Hilfsmitteln Variantenarbeitsplane und Verfahrenskataloge an, in der Aussagen über die technologischen Moglichkeiten der Bearbeitungsverfahren getroffen werden. Die Reihenfolge der Arbeitsgänge wird wesentlich bestimmt durch die Werkstuckgeometrie, die einzusetzenden beziehungsweise verfügbaren Fertigungsverfahren, die Zusammensetzung des Maschinenparks sowie die betriebsspezifischen Regelungen des organisatorischen Ablaufs in der Fertigung.

Die Auswahl der Fertigungseinrichtungen als nachster Schritt erfolgt auf Basis von Werkzeugkatalogen und Maschinenverzeichnissen beziehungsweise Maschinenkarten (AWF-Karten). Deren Struktur der Daten orientiert sich in Anlehnung an die VDI-Z-Datenbank für Werkzeugmaschinen /51/ an den technischen Maschinendaten. Dort werden die Maschinen durch geometrische und technologische Leistungsdaten wie Arbeitsbereich, Werkzeugsystem, Handhabung oder Steuerung beschrieben, so daß der Anwender bei der Auswahl und Bewertung einer optimalen Werkzeugmaschine unterstützt wird.

Auf dieser Grundlage wird im folgenden Schritt die Vorgabezeitermittlung für das Blechwerkstück durchgefuhrt. Hierbei werden mit Hilfe von Vorgabezeittabellen und Rechenvorschriften zur Zeitkalkulation aus den Maschinenverzeichnissen die Einzelzeiten für die Fertigungsoperationen /84/ mit den einzelnen Maschinen berechnet.

Bei der Werkstückbearbeitung werden heute verstärkt NC- und CNC-Maschinen eingesetzt. Für die automatische Durchführung der Bearbeitungsaufgabe müssen der Maschinensteuerung die notwendigen Anweisungen mit deren Ordnung und Zusammenstellung zu einer zeitlich festgelegten, maschinenlesbaren Anweisungsfolge in Form von NC-Programmen zur Verfügung gestellt werden, wobei eine getrennte Verarbeitung von Geometrie- und Technologiedaten erfolgt. In der flexiblen Blechteilefertigung wird im Rahmen der Arbeitsplanerstellung bei der NC-Programmerstellung grundsätzlich zwischen NC-Programmen für die ebene Bearbeitung und die Biegebearbeitung un-

terschieden, wobei zum einen die ebenen Konturmerkmale und zum anderen die räumlichen Konturmerkmale von Bedeutung sind.
Beendet wird die Arbeitsplanerstellung mit einer Kostenvorkalkulation, bei der unter Berücksichtigung von Maschinenstundensätzen /85, 86/ aus Kostenkatalogen und organisatorischen Werkstückdaten wie Stückzahl und Losgröße die stückbezogenen Fertigungskosten ermittelt werden.

Die in diesem Abschnitt dargestellte Verwendung und Verknüpfung der Werkstück- und Fertigungsdaten in der Arbeitsvorbereitung weist entsprechend Bild 4 auf die Bedeutung der Arbeitsvorbereitung als Schnittstelle zwischen Konstruktion und Fertigung hin. Es wird deutlich, daß die Merkmale von Blechwerkstück und Fertigungseinrichtung die grundlegende Basis zur Abstimmung zwischen Konstruktion und Fertigung in der flexiblen Blechteilefertigung darstellen. Diese werkstück- und fertigungsbezogenen Merkmale beinhalten Geometrie-, Material-, Organisations- und Technologiedaten, wobei - für die Blechbearbeitung typisch - auch in der Arbeitsvorbereitung grundsätzlich zwischen ebener Bearbeitung und Biegebearbeitung unterschieden wird.

4.2 Analyse von Blechwerkstücken und Fertigungseinrichtungen

Im Wechselspiel der Überlegungen zur Abstimmung zwischen Konstruktion und Fertigung in der flexiblen Blechteilefertigung werden die Merkmale der Blechwerkstücke einerseits sowie die Merkmale der Fertigungseinrichtungen andererseits wirksam, wie dies **Bild 5** zeigt. Für die Herstellung eines Blechwerkstückes existieren unterschiedliche Fertigungseinrichtungen, deren Merkmale entsprechend den spezifischen Ausführungen die fertigungstechnischen Einflußgrößen beschreiben. Zusammen mit den Fertigungsanforderungen der Blechwerkstücke stellen die Moglichkeiten und Restriktionen der Fertigungseinrichtungen die zur Abstimmung zwischen Konstruktion und Fertigung relevanten Informationen dar /109, 110/.

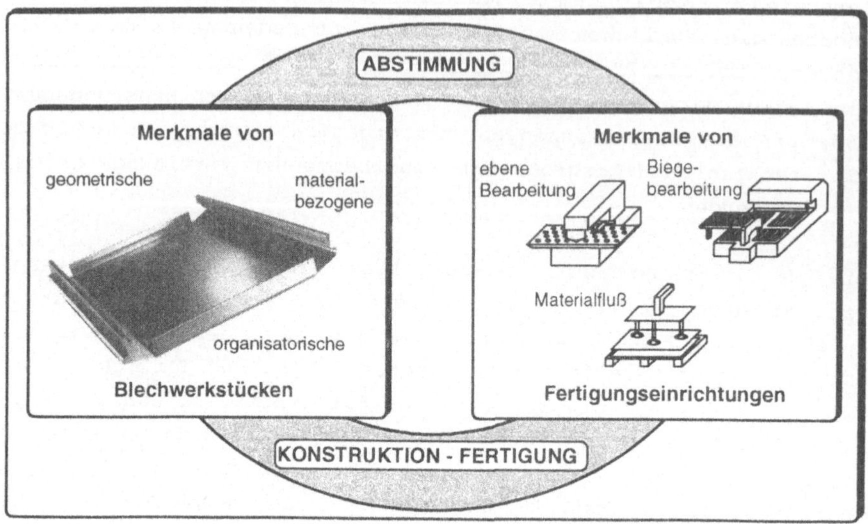

Bild 5:　　　Einflußgrößen auf die Abstimmung zwischen Konstruktion und Fertigung

Um die grundsatzlichen Anforderungen von Blechwerkstucken an die Fertigungseinrichtungen ausfuhrlich zu erfassen, sind alle auftretenden fertigungstechnischen Werkstuckmerkmale zu ermitteln. Hierzu wurden in der Arbeit entsprechend **Bild 6** unterschiedliche Blechteilespektren fur die flexible Blechbearbeitung der Branchen Großbackanlagen, Schaltschrank-, Druckmaschinen- und Kuhlmöbelbau, Lagersysteme und Komponenten der Fordertechnik fur die Druckindustrie untersucht. Vom Verfasser durchgeführte fertigungsorientierte Analysen von Blechwerkstucken sowie werkstückorientierte Analysen von Fertigungseinrichtungen zeigen eine Vielfalt an Fertigungsanforderungen, die sich aus der Konstruktion der Blechwerkstücke ergeben, sowie Einflußgrößen seitens der Fertigung auf die Werkstückgestaltung.

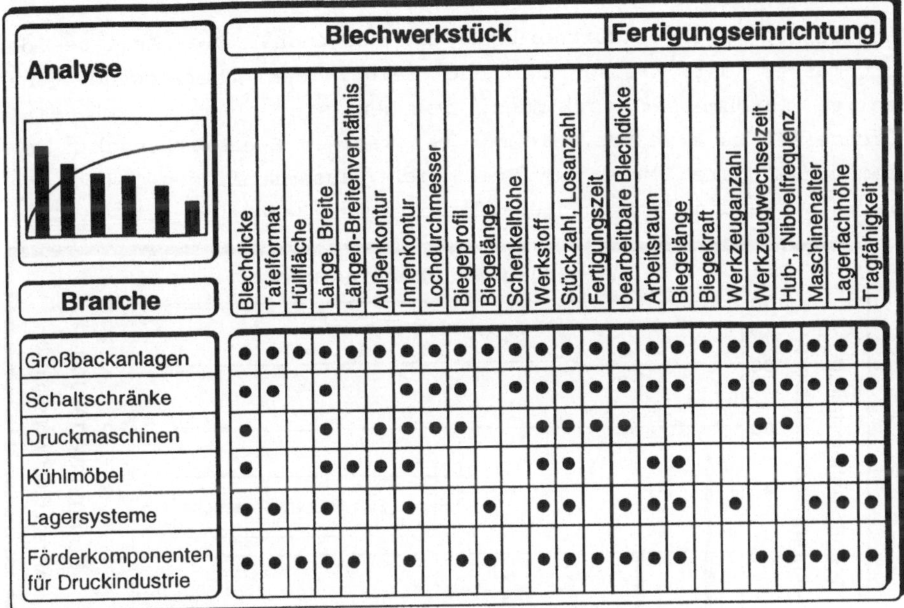

Blechwerkstück

Branche	Blechdicke	Tafelformat	Hüllfläche	Länge, Breite	Längen-Breitenverhältnis	Außenkontur	Innenkontur	Lochdurchmesser	Biegeprofil	Biegelänge	Schenkelhöhe	Werkstoff	Stückzahl, Losanzahl	Fertigungszeit
Großbackanlagen	•	•	•	•	•	•	•	•	•	•	•	•	•	•
Schaltschränke	•	•		•			•	•	•		•	•	•	•
Druckmaschinen	•			•		•	•	•	•			•	•	•
Kühlmöbel	•			•	•	•	•					•	•	
Lagersysteme	•	•		•			•			•		•	•	
Förderkomponenten für Druckindustrie	•	•	•	•	•		•		•	•		•	•	•

Fertigungseinrichtung

Branche	bearbeitbare Blechdicke	Arbeitsraum	Biegelänge	Biegekraft	Werkzeuganzahl	Werkzeugwechselzeit	Hub-, Nibbelfrequenz	Maschinenalter	Lagerfachhöhe	Tragfähigkeit
Großbackanlagen	•	•	•	•	•	•	•	•	•	•
Schaltschränke	•	•			•	•	•	•	•	•
Druckmaschinen	•						•	•		
Kühlmöbel		•	•						•	•
Lagersysteme	•	•	•		•				•	•
Förderkomponenten für Druckindustrie	•	•	•			•	•	•	•	•

Bild 6: Analyse von Blechwerkstücken und Fertigungseinrichtungen

4.2.1   Analyse von Blechwerkstücken

Die Analyse der Blechwerkstücke erfolgte zunächst übergreifend
anhand von repräsentativen Werkstücken. Die detaillierte Analyse
aller Werkstücke für ein Blechteilespektrum erfolgte an den oben
erstgenannten, besonders aussagefähigen Branchenbeispielen, so daß
sich alle weiteren Detailuntersuchungen wie zum Beispiel die
Anwendung des entwickelten Verfahrens und auch die folgenden
Untersuchungsergebnisse hierauf beziehen werden.
Ein Überblick über die Ergebnisse der Untersuchungen ist in den
Bildern 7 und 8 ausschnittsweise anhand der Merkmale Innenkontur,
Außenkontur und Biegeprofil gezeigt.

Die in Bild 7 dargestellte Verteilung der Innenkonturen bei einem
Werkstückspektrum läßt beispielsweise erkennen, daß Kreisdurchbrüche mehr als zwei Drittel der zu erzeugenden Innenkonturelemente
ausmachen. Weitere häufig vorkommende Innenkonturelemente sind

Langlöcher, Rechteckdurchbrüche und Gewinde. Die Analyse der Durchmesser der Kreisdurchbrüche zeigt, daß überwiegend ganzzahlige Durchmesser vorkommen. Daneben sind jedoch auch viele Durchmesser zu erzeugen, die nur bei wenigen Blechwerkstucken vorkommen und deren Maße zum Teil dicht zusammenliegen, wobei der hierzu notwendige Werkzeugbedarf von großer Bedeutung ist.

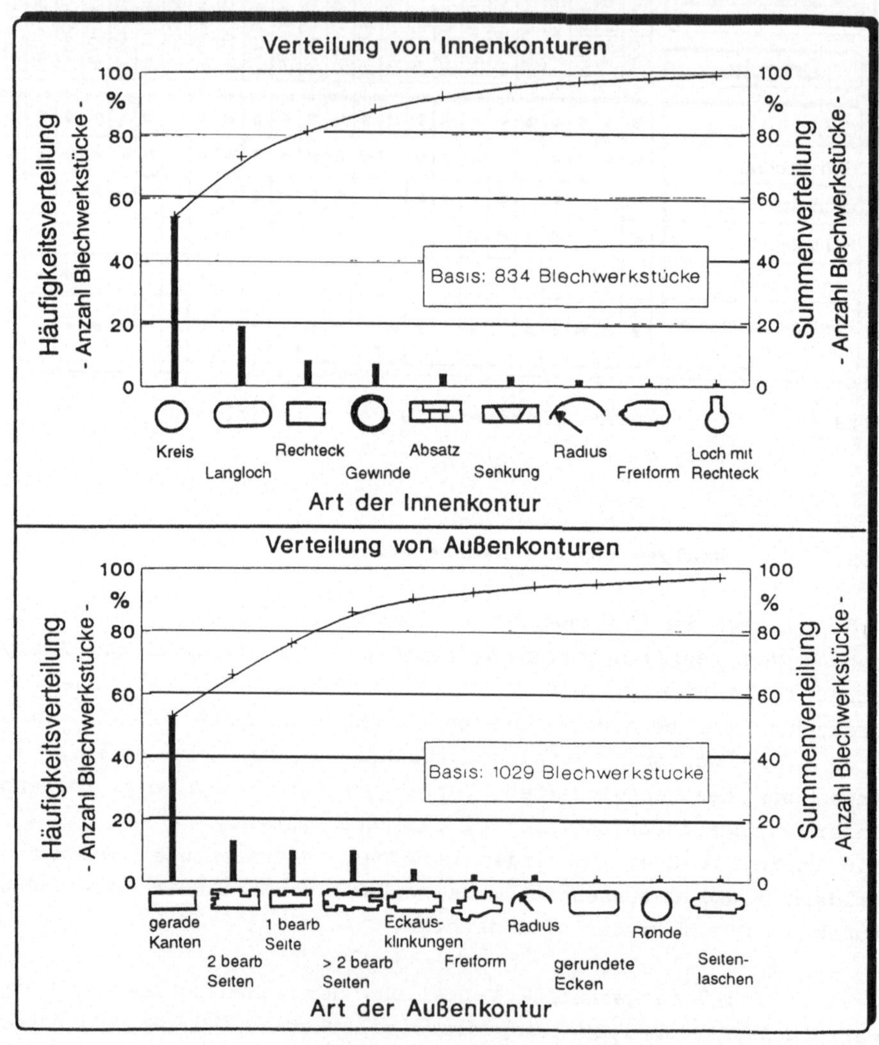

Bild 7: Innenkontur- und Außenkontur-Verteilung (Beispiel: Druckmaschinen)

Hinsichtlich der Außenkontur haben etwa die Hälfte der Blechwerkstücke ausschließlich gerade Außenkanten. Ein weiteres Drittel weist Ausklinkungen an den Ecken oder an einer, zwei, drei oder vier Seiten auf. Die übrigen Werkstücke haben komplexe Außenkonturen oder angefaste Kanten.

Die in Bild 8 dargestellte Analyse der Biegeprofile bei einem Spektrum von Blechteilen für Großbackanlagen zeigt, daß etwa zwei Drittel der Werkstücke Biegungen aufweisen, wobei überwiegend einfache Grundprofile vorkommen. Mehr als die Hälfte der Biegeteile weist ein L-Profil auf, weiter kommen U-Profile, Z-Profile, C-Profile und offene und geschlossene Kastenprofile vor. Bei den restlichen Biegeteilen setzen sich die Biegungen aus Kombinationen einfacher Grundprofile zusammen. Jedoch darf dies nicht dazu verleiten, sich nur mit den einfachen Grundprofilen zu beschäftigen und die restlichen, mit größerem fertigungstechnischen Herstellaufwand verbundenen Biegeprofilarten zu vernachlässigen.
Die Analyse der Verteilung der Kanthohen und Biegelängen des Großbackofenspektrums macht deutlich, daß hauptsächlich geringe Kanthöhen von bis zu 50 mm vorkommen, wogegen die Biegelängen im Bereich von 100 mm bis 2000 mm relativ gleichmäßig verteilt sind.

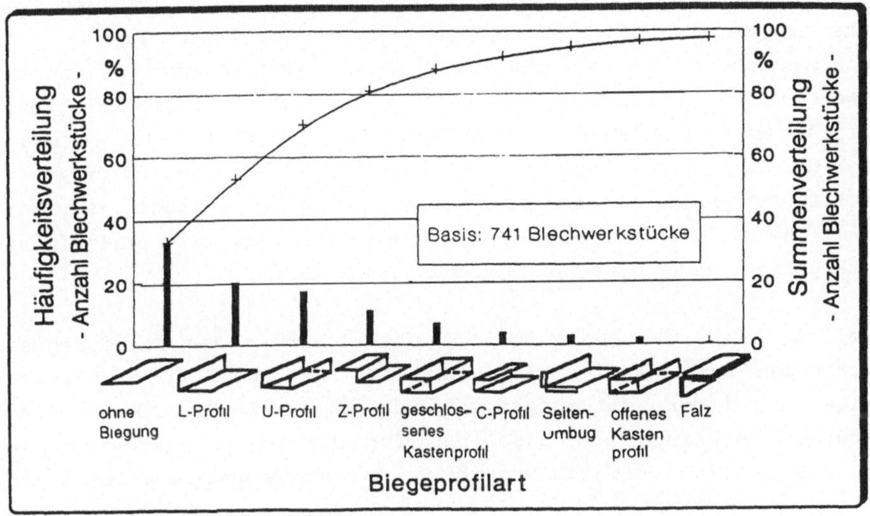

Bild 8: Biegeprofil-Verteilung (Beispiel: Großbackanlagen)

Die Untersuchungen der Blechwerkstucke decken einerseits einen
großen Teil des gesamten industriell verarbeiteten Werkstückspektrums der flexiblen Blechteilefertigung ab. Andererseits zeigte
sich bei den Analyse- und Untersuchungsergebnissen ein sehr hoher
Deckungsgrad der untersuchten Blechteilespektren hinsichtlich der
vorkommenden Werkstückmerkmale, so daß mit der fertigungsorientierten Analyse von Blechwerkstücken für die in Abschnitt 4.4 zu
erarbeitende, allgemeingültige und repräsentative Strukturierung
der Merkmale von Blechwerkstücken fur die flexible Blechteilefertigung eine geeignete Basis geschaffen wurde.

4.2.2   Analyse von Fertigungseinrichtungen

Zur Beschreibung der fertigungstechnischen Moglichkeiten und Restriktionen hinsichtlich der Bearbeitungs- und Materialflußeinrichtungen für Blechwerkstücke in der flexiblen Blechteilefertigung sind die werkstückbezogenen Merkmale der Fertigungseinrichtungen zu ermitteln. Für die hierzu notwendigen Untersuchungen von
Fertigungseinrichtungen der flexiblen Blechteilefertigung wurden
in der Arbeit technische Unterlagen von Anbietern und Anwendern
von Blechbearbeitungsmaschinen und Materialflußeinrichtungen sowie
Erkenntnisse durch einen systematisch moderierten Dialog /105/
zwischen Ausrüstern, Anwendern und Entwicklern analysiert und aus-
gewertet. Basis für die Untersuchung von Fertigungseinrichtungen
zur flexiblen Blechbearbeitung waren fur die ebene Bearbeitung 23
und für die Biegebearbeitung 197 gangige Maschinentypen von 17
marktführenden Maschinenherstellern. Die Untersuchungen der Materialflußeinrichtungen erfolgte vor allem in den oben aufgeführten
unterschiedlichen Branchen der Blechbearbeitung.

Die Ergebnisse der Analysen und Untersuchungen der Fertigungseinrichtungen für die flexible Blechteilefertigung sind ausschnittsweise anhand der fertigungstechnischen Merkmale Anzahl maschineninterner Werkzeuge von Maschinen für die ebene Bearbeitung und
Biegelänge von Biegemaschinen in den **Bildern 9 und 10** gezeigt.

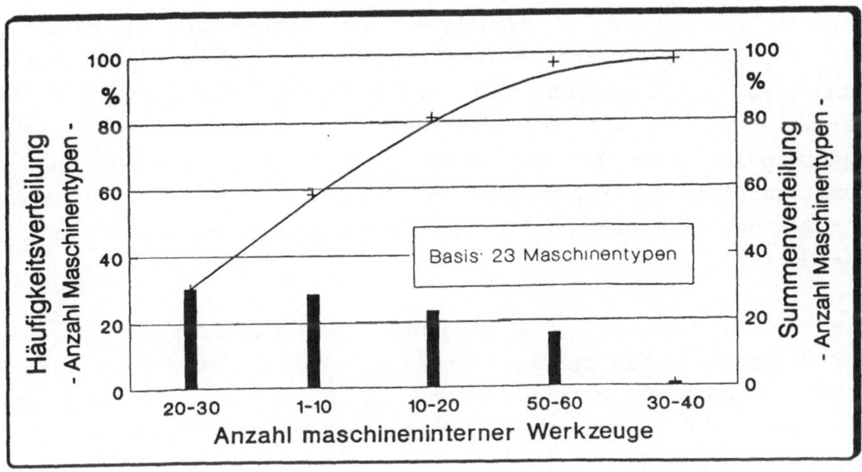

Bild 9:   Verteilung der maximalen Anzahl maschineninterner Werkzeuge von Maschinen für die ebene Bearbeitung

Aus Bild 9 ist erkennbar, daß bei einem Großteil von Fertigungseinrichtungen der ebenen Bearbeitung die maximale Werkzeuganzahl im Werkzeugmagazin zwischen 20 und 30 Werkzeugen beträgt. Bild 10 zeigt, daß der Schwerpunkt der maximalen Biegelänge bei Biegemaschinen im Bereich zwischen zwei und drei Metern liegt.

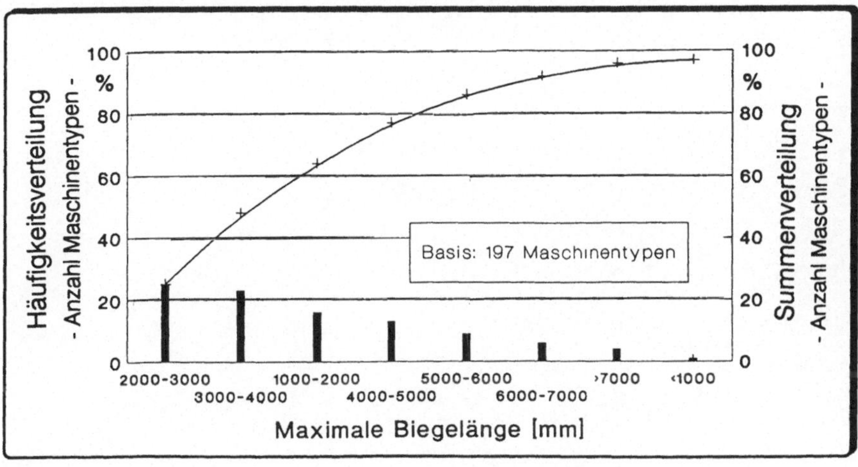

Bild 10:   Verteilung der maximalen Biegelange von Biegemaschinen

Entsprechend den Werkstückanalysen und -untersuchungen zeigte sich auch bei den untersuchten Fertigungseinrichtungen ein großer Deckungsgrad hinsichtlich der vorkommenden fertigungstechnischen Merkmale, so daß mit der werkstückorientierten Analyse von Fertigungseinrichtungen für die in Abschnitt 4.5 zu erarbeitende, allgemeingültige und repräsentative Strukturierung der Merkmale von Fertigungseinrichtungen für die flexible Blechteilefertigung eine geeignete Basis geschaffen wurde.

Wie die in Abschnitt 4.1 dargestellte Verwendung von Werkstück- und Fertigungsdaten in der Arbeitsvorbereitung weist auch die Analyse von Werkstücken und Fertigungseinrichtungen für die flexible Blechteilefertigung auf eine Strukturierung der werkstück- und fertigungsbezogenen Merkmale in Geometrie-, Material-, Organisations- und Technologiedaten, wobei für die Blechbearbeitung typisch grundsätzlich zwischen ebener Bearbeitung mit Standard- und Sonderkonturelementen und der Biegebearbeitung unterschieden wird.

4.3   Systematik zur Strukturierung der Merkmale

Um die Vielfalt und Komplexität der informationstechnischen Beziehungen zwischen den Merkmalen der Blechwerkstücke und deren Auswirkungen auf die flexible Blechteilefertigung zu beherrschen, wird eine Strukturierung der Merkmale vorgenommen. Damit kann der Informationsbedarf zur Abstimmung zwischen Konstruktion und Fertigung umfassend und übersichtlich dargestellt werden.

Die logische Strukturierung der relevanten Merkmale erfolgt in Anlehnung an die Informationsverarbeitung der Statistik und der Prädikatenlogik (Subjekt-Prädikat-Struktur) mit Einheiten, Merkmalen und Ausprägungen /87/. Die Strukturierung nach Einheit, Merkmal und Ausprägung führt zu einer hierarchischen Darstellung der relevanten Informationen. Sie ermöglicht eine objektive Erfassung der einzelnen Einheiten, die dadurch unabhängig voneinander beschrieben werden können.

Bei Anwendung dieser Logik gelten als Einheiten die Subjekte der Informationen, also technisch unmittelbare Gegenstände oder Aktivitäten innerhalb des Betrachtungsfeldes. Im Rahmen dieser Arbeit wird das Betrachtungsfeld durch die flexible Blechteilefertigung mit den Einheiten beziehungsweise Subjekten Blechwerkstück und Fertigungseinrichtung repräsentiert.

Als Pradikat einer Einheit definiert eine solche Logik das Merkmal. So werden im folgenden die relevanten Informationen bezüglich Blechwerkstück und Fertigungseinrichtung als Merkmale bezeichnet. Die in der Literatur sodann als Modalitaten bezeichneten Attribute zu den Pradikaten respektive zu den Merkmalen der Einheiten, die diese inhaltlich naher spezifizieren, werden in dieser Arbeit als Merkmalsauspragungen definiert. Somit werden den Merkmalen der einzelnen Blechwerkstücke und Fertigungseinrichtungen jeweils werkstuck- beziehungsweise fertigungseinrichtungsspezifische Merkmalsauspragungen zugeordnet.

Die Übertragung dieser Logik mit einer Subjekt-Pradikat-Struktur auf die in **Bild 11** gezeigte logische Strukturierung der Informationen zur Abstimmung zwischen Konstruktion und Fertigung für die flexible Blechbearbeitung kann folgendermaßen zusammengefaßt werden:

- Subjekt ⇨ Einheit
- Prädikat ⇨ Merkmal
- Modalität ⇨ Merkmalsausprägung

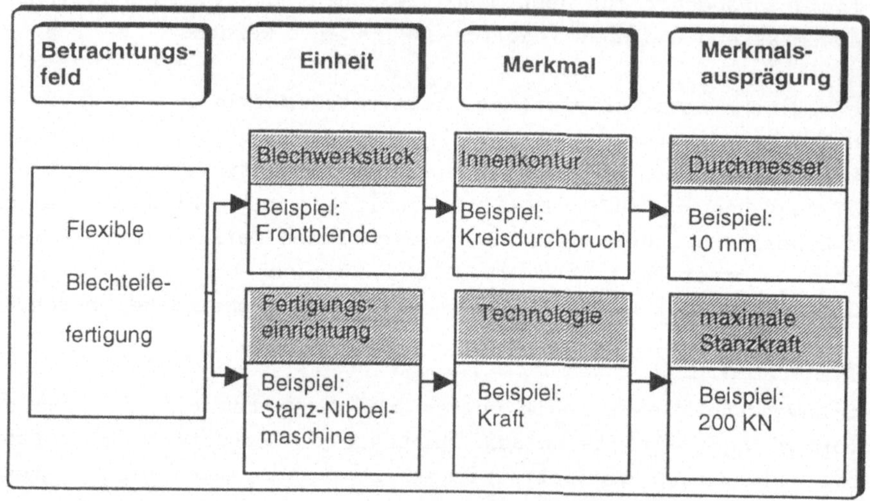

Bild 11: Logische Strukturierung der Informationen zur Abstimmung zwischen Konstruktion und Fertigung

Eine solche Strukturierung kann vorteilhaft angewandt werden, um die fertigungstechnisch wirksam werdenden Merkmale von Blechwerkstücken sowie die werkstückbezogen rückwirkenden Merkmale von Fertigungseinrichtungen einander strukturiert gegenüberzustellen und so deren Wechselbeziehungen transparent zu machen.

Um bei der Vielschichtigkeit der zu ermittelnden Merkmale eine Gliederungsmöglichkeit zu schaffen, werden diese im folgenden in einer hierarchischen Struktur entsprechend **Bild 12** beschrieben. Hierzu werden bestimmte artverwandte Merkmale zu Merkmalsklassen und diese wiederum zu Merkmalsbereichen zusammengefaßt. Diese hierarchische Strukturierung ist für die effiziente und zielgerichtete Aufstellung der werkstückbezogenen und fertigungstechnischen Merkmale gleichermaßen anwendbar.

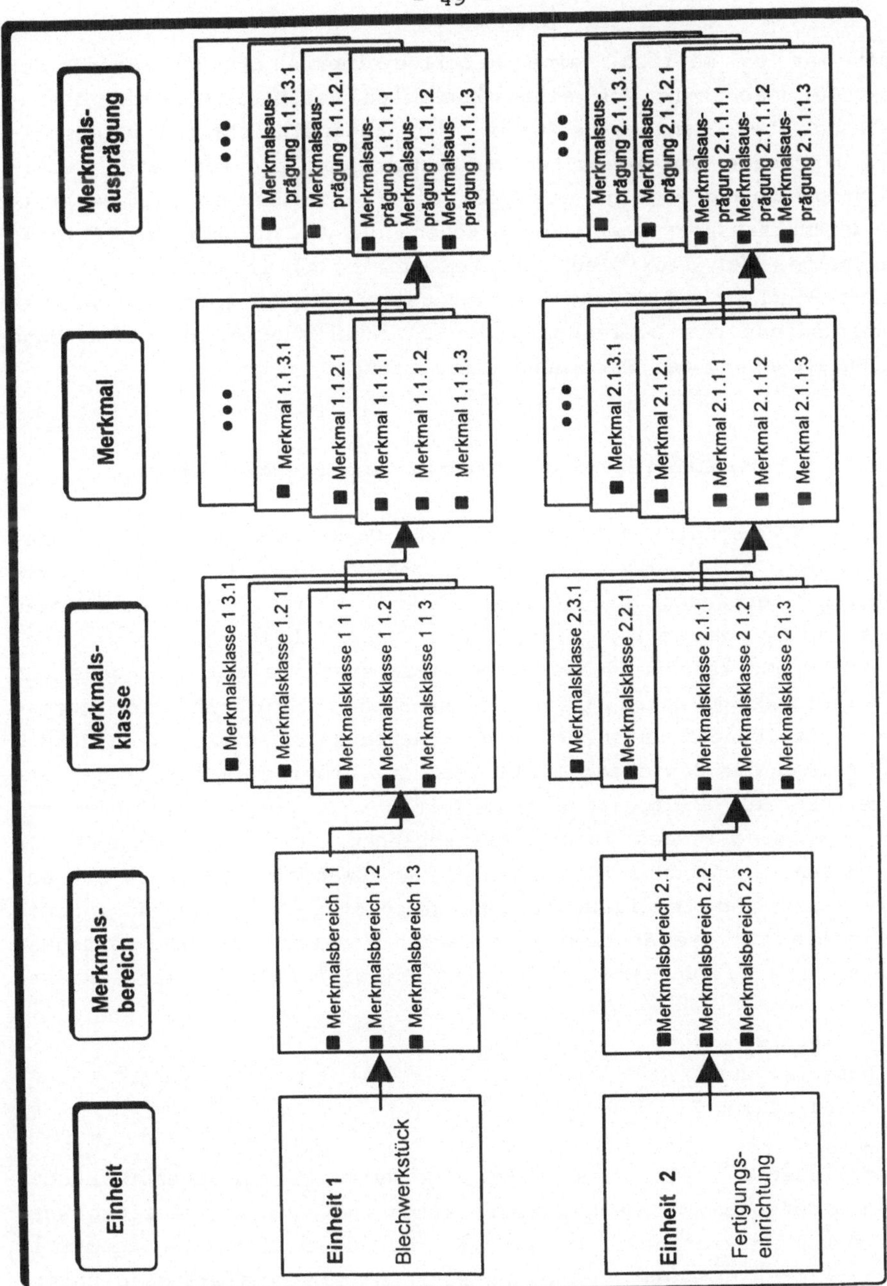

Bild 12: Hierarchische Strukturierung der Merkmale von Blech-werkstucken und Fertigungseinrichtungen

Somit ist es möglich, eine verallgemeinerte Strukturierung der Merkmale unabhängig von einem konkreten Beispiel für ein Blechwerkstück beziehungsweise einer Fertigungseinrichtung aufzustellen. Der Bezug zum konkreten Werkstück oder zur konkreten Fertigungseinrichtung erfolgt erst bei der Spezifizierung der jeweiligen Merkmalsausprägungen. Entsprechend der Gliederung des Betrachtungsfeldes der flexiblen Blechteilefertigung in die beiden Einheiten Blechwerkstück und Fertigungseinrichtung erfolgt nachstehend zunächst die Betrachtung der Blechwerkstücke, der sich dann die Untersuchung der Fertigungseinrichtungen anschließt.

4.4   Strukturierung der Merkmale von Blechwerkstücken

Bei der in Abschnitt 4.1 dargestellten Verwendung von Werkstückdaten in der Arbeitsvorbereitung und den in Abschnitt 4.2.1 dargestellten fertigungsorientierten Analysen von Blechwerkstücken zeigte sich, daß zur vollständigen Beschreibung und Herstellung eines Blechwerkstucks geometriebeschreibende, materialbezogene und organisatorische Daten erforderlich sind. Dabei sind die geometriebeschreibenden Daten den Konstruktionszeichnungen zu entnehmen und stellen die Basis zur Festlegung der Arbeitsgangfolgen und der Erstellung der NC-Programme dar. Weiter sind die materialbezogenen und organisatorischen Daten heranzuziehen, um beispielsweise die geeigneten Fertigungseinrichtungen auszuwahlen. Diese sind aus Stücklisten und Fertigungssteuerungspapieren zu entnehmen. Somit werden die für die Abstimmung zwischen Konstruktion und Fertigung relevanten Werkstückmerkmale in drei prinzipielle Merkmalsbereiche

- Geometrie,
- Material und
- Organisation

untergliedert, wobei diese auch die Herkunft der entsprechenden Daten widerspiegeln. Nach dieser grundsatzlichen Unterteilung werden diese Merkmalsbereiche weiter in unterschiedliche geometrische, materialbezogene und organisatorische Merkmalsklassen unterteilt.

4.4.1   **Strukturierung der geometrischen Merkmale von Blech-
              werkstücken**

Für die Abstimmung zwischen Konstruktion und Fertigung stellen die
geometrischen Werkstückmerkmale den bedeutendsten Teil dar, da sie
direkten Einfluß auf den Herstellaufwand haben. Der zu "Geometrie"
zusammengefaßte Werkstückmerkmalsbereich kann hierbei vorteilhaft
in Grob- und Feingeometrie weiter unterteilt werden. Die Merkmale
der Grobgeometrie charakterisieren die elementaren Abmessungen der
Blechwerkstücke, wohingegen die Merkmale der Feingeometrie durch
die Art, Größe und Lage der Werkstückkonturelemente charakterisiert sind. Hierbei sind die blechspezifischen Besonderheiten
gegenüber der spanenden Bearbeitung zu erkennen und weisen auf die
grundsätzlichen Unterschiede der fertigungstechnischen Möglichkeiten und Anforderungen bei der spanenden und Blechteilefertigung
hin.

Im Gegensatz zu der derzeit in der spanenden Teilefertigung ange-
strebten und häufig realisierten Komplettbearbeitung eines Werkstückes in einer Aufspannung ist dies bei der flexiblen Blechbearbeitung mit den verfügbaren Fertigungseinrichtungen nicht möglich.
Die Bearbeitung eines Blechwerkstückes erfolgt daher mindestens in
zwei Arbeitsgängen. Durch diese prinzipielle Trennung der ebenen
Bearbeitung und der Biegebearbeitung ist es sinnvoll, die die
Feingeometrie beschreibenden Werkstückmerkmale für die ebene und
Biegebearbeitung als eigene Merkmalsklassen zu strukturieren.

Mit der Beschreibung der Feingeometrie fur die ebene Bearbeitung
durch Merkmale der Innen- und Außenkontur und der Beschreibung der
Feingeometrie für die Biegebearbeitung durch Merkmale des Biegeprofils von Blechwerkstücken ergibt sich die in **Bild 13** dargestellte Strukturierung des für die Abstimmung zwischen Konstruktion und Fertigung bedeutendsten Merkmalsbereichs Geometrie in die
Merkmalsklassen:

- Grobgeometrie,
- Innenkontur,
- Außenkontur und
- Biegeprofil.

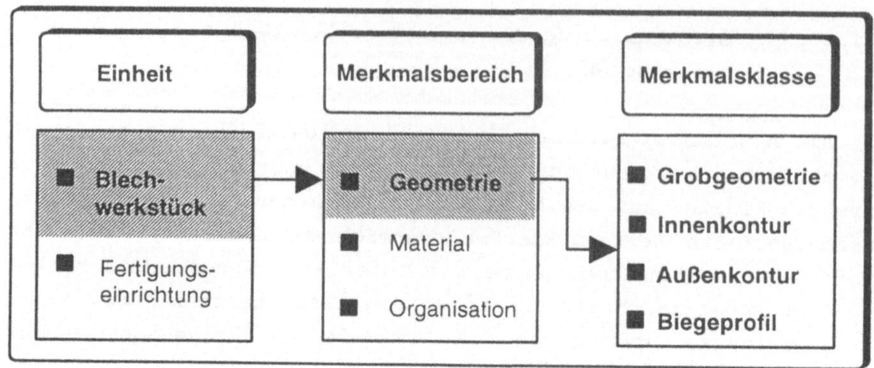

Bild 13:   Strukturierung des Merkmalsbereichs Geometrie in geometrische Merkmalsklassen von Blechwerkstücken

Die **Merkmalsklasse Grobgeometrie** beschreibt die Abmessungen des Rohmaterials - Rohmaterialabmessungen -, des eben fertig bearbeiteten Blechwerkstücks - Hüllfläche - und des Biegeteils - Hüllkörper -. In **Bild 14** sind die Merkmale der Grobgeometrie und deren Ausprägungen aufgeführt und schematisch dargestellt.

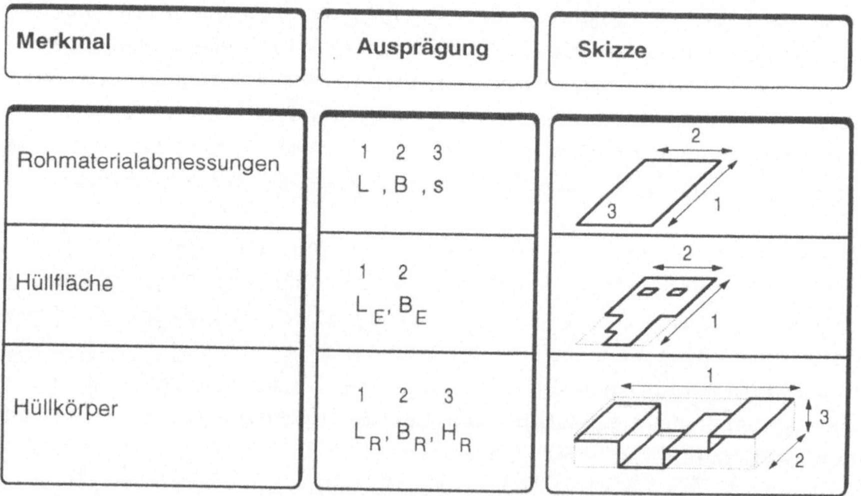

Merkmal	Ausprägung	Skizze
Rohmaterialabmessungen	$\overset{1}{L}, \overset{2}{B}, \overset{3}{s}$	
Hüllfläche	$\overset{1}{L_E}, \overset{2}{B_E}$	
Hüllkörper	$\overset{1}{L_R}, \overset{2}{B_R}, \overset{3}{H_R}$	

Bild 14:   Merkmale und Ausprägungen zur Beschreibung der Grobgeometrie von Blechwerkstücken

Die **Merkmalsklasse Innenkontur** wird durch form- und lagebeschreibende Werkstückmerkmale repräsentiert. Deren Ausprägungen beschreiben die Art, Größe und Lage der für die ebene Bearbeitung relevanten innenliegenden Konturelemente. Die nach den Ergebnissen durchgeführter Analysen in einer ABC-Verteilung zu mehr als 90% in den Werkstückspektren vorkommenden Standardkonturelemente sind in **Bild 15** mit den Merkmalen und Merkmalsausprägungen dargestellt.

Merkmal	Ausprägung	Skizze
formbeschreibend		
Kreisdurchbruch	D_I	
Rechteckdurchbruch	L_I, B_I	
Langlochdurchbruch	L_I, B_I	
Freiformlinie	L_I, B_I	
Kreisprägung	D_I, T_I	
Rechteckprägung	L_I, B_I, T_I	
Langlochprägung	L_I, B_I, T_I	
Senkung	D_I, W_I	
Gewinde	D_I	
lagebeschreibend		
Lage Koordinaten	X_{IE}, Y_{IE}	
Abstand von Biegekante	x_{IB}	

Bild 15: Merkmale und Ausprägungen zur Beschreibung von Innenkonturelementen von Blechwerkstücken

Neben der Unterscheidung in form- und lagebeschreibende Innenkonturmerkmale wird grundsätzlich zwischen Standard- und Sonderkonturelementen unterschieden. Hinsichtlich der Zuordnung der Merkmalsausprägungen zu den jeweiligen Merkmalen der Blechwerkstücke wird zum Beispiel das Merkmal Langlochdurchbruch durch die Ausprägungen Länge und Breite näher beschrieben.

Die lagebeschreibenden Merkmale machen anhand der Koordinaten eine Aussage über die Anordnung der Innenkonturelemente in bezug auf einen Koordinatenursprung in einer Werkstückecke, wohingegen der Abstand von einer Biegekante als im Hinblick auf die Biegebearbeitung fertigungstechnisch wirksames Merkmal separat aufgeführt ist. In Ergänzung zu Bild 15 mit den erarbeiteten konturbeschreibenden Werkstückmerkmalen wird als weiteres Merkmal noch die Anzahl unterschiedlicher Konturelemente definiert, aus der sich die Anzahl der zur Bearbeitung des Blechwerkstückes notwendigen Werkzeuge ableiten läßt. Für Sonderkonturelemente sind in Anhang 1 die formbeschreibenden Merkmale entsprechend der Merkmalsstrukturierung zusammengestellt. Die lagebeschreibenden Werkstückmerkmale von Bild 15 gelten hierbei gleichermaßen.

Die **Merkmalsklasse Außenkontur** wird in Anlehnung an die Strukturierung der Innenkonturelemente ebenso durch form- und lagebeschreibende Merkmale der Blechwerkstücke repräsentiert. Diese beschreiben zusammen mit deren Auspragungen die Art, Größe und Lage der für die ebene Bearbeitung relevanten, am Blechwerkstück außenliegenden Konturen.

Im Vergleich zu den Innenkonturelementen mit Standard- und Sonderkonturelementen ergibt sich bei den Außenkonturelementen ausgehend von den Analyseergebnissen die Unterscheidung vor allem durch die unterschiedlichen Merkmalsausprägungen. Somit lassen sich die Außenkonturelemente von Blechwerkstücken durch die in **Bild 16** dargestellten Merkmale beschreiben. Für darüber hinausgehende Außenkonturen mit völlig individuellen Formen ist es aufgrund der theoretisch möglichen Vielfalt nicht sinnvoll, eine fest definierte Beschreibung vorzugeben. Diese sind vielmehr im Einzelfall jeweils werkstückspezifisch zu betrachten. Ebenso wie für die Innenkonturelemente sind in Bild 16 den die Außenkontur beschreibenden

Werkstückmerkmalen die jeweiligen Merkmalsausprägungen zugeordnet. Als wichtiges weiteres lagebeschreibendes Merkmal kommt bei den Außenkonturelementen die Anzahl bearbeiteter Werkstückaußenseiten hinzu.

Merkmal	Ausprägung	Skizze
formbeschreibend		
gerade Kanten	L^1, B^2	
Eckausklinkung	L_A^1, B_A^2	
Eckschräge	L_A^1, B_A^2	
Rundung	R_A^1	
Rechteckklinkung	L_A^1, B_A^2	
Dreieckklinkung	L_A^1, W_A^2	
Langlochklinkung	L_A^1, D_A^2	
lagebeschreibend		
Anzahl bearbeiteter Seiten	N_{bS}	
Lage Koordinate	X_{AE}^1	
Abstand von Biegekante	X_{AB}^1	

Bild 16: Merkmale und Ausprägungen zur Beschreibung von Außenkonturelementen von Blechwerkstucken

Die **Merkmalsklasse Biegeprofil** beschreibt die Grundgestalt des gebogenen Blechwerkstückes. Hierbei reicht die Blechteilgestalt von einfachen Profilfarten bis hin zu mehrfach abgewinkelten Profilen.

In der Blechteilefertigung werden Biegeteile üblicherweise nach den Unterscheidungskriterien Anzahl der Biegekanten, maximale Biegeschenkelhöhe oder Lage der Biegekanten, die parallel, orthogonal oder schräg angeordnet sein können, unterschieden. Die in der Praxis typischen Biegeprofile setzen sich aus einfachen Profilarten wie zum Beispiel L-, U-, C-, Z-Profile oder auch offene, geschlossene, C- und Z-Kasten-Profile und deren Kombinationen zusammen und stellen somit eine Kombination einzelner Merkmale und Ausprägungen dar.

Für eine umfassende und zielführende Merkmalsstrukturierung sind die Merkmale des Biegeprofils noch weiter zu strukturieren. So wird die Position jeder Biegeachse eines Blechwerkstückes bei Blechwerkstücken mit parallelen und orthogonalen Biegeachsen durch eine zweistellige Ziffernfolge beschrieben. Die erste Ziffer definiert hierbei die Werkstückseite und die zweite die lagemäßige Reihenfolge - von außen nach innen - der Biegeachsen entsprechend **Bild 17**.

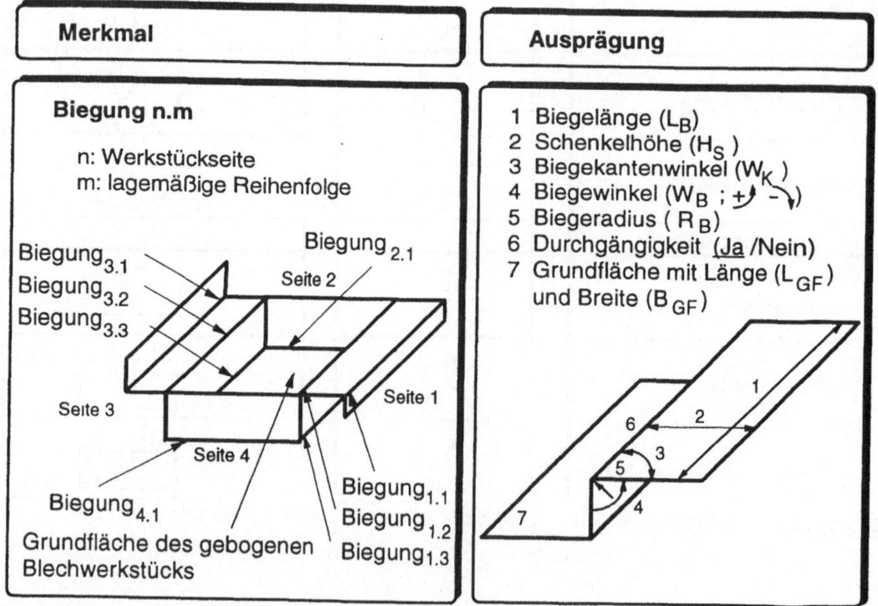

Bild 17:   Merkmale und Ausprägungen zur Beschreibung der Biegeprofile von Blechwerkstücken

Das Biegeprofilmerkmal "Biegung$_{n.m}$" repräsentiert somit die m-te Biegung von der Außenkante auf der n-ten Werkstückseite. Die Merkmalsausprägungen, die die einzelnen Biegeprofilmerkmale (Biegungen$_{n.m}$) der Blechwerkstücke näher beschreiben, wie Biegewinkel und Schenkelhöhe, sind in Bild 17 dargestellt.

Die erarbeitete Strukturierung der geometrischen Merkmale von Blechwerkstücken ist in **Bild 18** exemplarisch an einem Bodenblech eines Schaltschrankes aufgezeigt. Zu erkennen sind die Werkstückmerkmale Kreisdurchbruch und Kreisprägung der Merkmalsklasse Innenkontur sowie das Merkmal Eckausklinkung für die Merkmalsklasse Außenkontur. Hinsichtlich der Merkmalsklasse Biegeprofil ist in Bild 18 die Biegung$_{1.2}$ gekennzeichnet, die zusammen mit den anderen drei Biegungen mit parallelen Biegekanten zu einem C-Profil als Biegeprofilart für dieses Blechwerkstück führt.

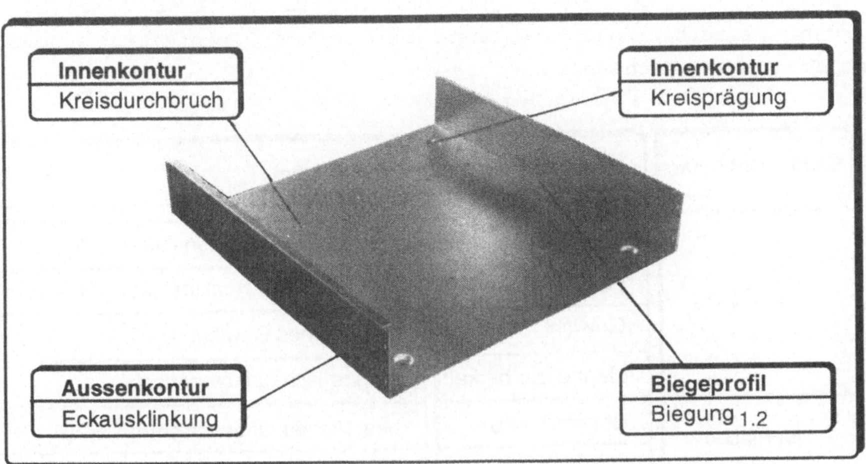

Bild 18:   Beispielhafte geometrische Merkmale von Blechwerkstücken

4.4.2 Strukturierung der materialbezogenen Merkmale von Blechwerkstücken

Die **materialbezogenen Merkmale** charakterisieren in bezug auf die Durchführung der Fertigungsaufgabe mittels der Fertigungseinrichtungen als fertigungstechnisch wirksam werdende Werkstückmerkmale vor allem die Bearbeitbarkeit durch das Werkzeugsystem und die Oberflächenempfindlichkeit.

Ausgehend von der Verwendung der Werkstückdaten in der Arbeitsvorbereitung und den Werkstückanalysen erfolgt die in **Bild 19** dargestellte Strukturierung der materialbezogenen Merkmale der Blechwerkstücke somit in die Merkmalsklasse Materialgüte mit den Merkmalen Werkstoff, Festigkeit, Gewicht, Magnetisierbarkeit und in die Merkmalsklasse Oberfläche mit den Merkmalen Beschichtung und Struktur. Das Merkmal Werkstoff kann beispielsweise durch die Ausprägungen Stahl, Edelstahl oder Aluminium näher spezifiziert werden. Weiterhin kann die Oberfläche eines Blechteiles beschichtet oder unbeschichtet sein.

Merkmalsklasse	Merkmal	Ausprägung
Materialgüte	Werkstoff	Stahl, Edelstahl, Aluminium
	Festigkeit	Zug-, Scher-, Druckfestigkeit, Härte
	Gewicht	spezifisches Gewicht
	Magnetisierbarkeit	magnetisch, unmagnetisch
Oberfläche	Beschichtung	beschichtet, unbeschichtet
	Struktur	keine, gebürstet, glänzend

Bild 19: Materialbezogene Merkmale und Ausprägungen von Blechwerkstücken

4.4.3 Strukturierung der organisatorischen Merkmale von Blechwerkstücken

Der Merkmalsbereich Organisation mit der Merkmalsklasse Menge gliedert sich wie **Bild 20** zeigt in die **organisatorischen Merkmale** Stückzahl und Losgröße, die somit die mengenbezogenen Werkstückmerkmale repräsentieren. Die Stückzahl gibt Auskunft über den Seriencharakter der Blechwerkstücke. Die Stückzahlen oder Losgrößen der einzelnen Blechwerkstücke können sich aufgrund von Nachfrageschwankungen innerhalb verschiedener Produktgruppen kurzfristig verändern. Man spricht in diesem Zusammenhang von dynamischen Daten, die sich unregelmäßig verändern können. Im Gegensatz dazu stehen die Geometrie- und Materialdaten, die statischer Natur sind /88/. Weiter beschreiben Stückzahl und Losgröße die Auflagehäufigkeit und damit den Wiederholcharakter eines Fertigungsauftrags, wodurch zusammen mit dem Werkzeugeinsatz und -rüstaufwand die Fertigungskosten bei der Herstellung des Werkstücks beeinflußt werden.

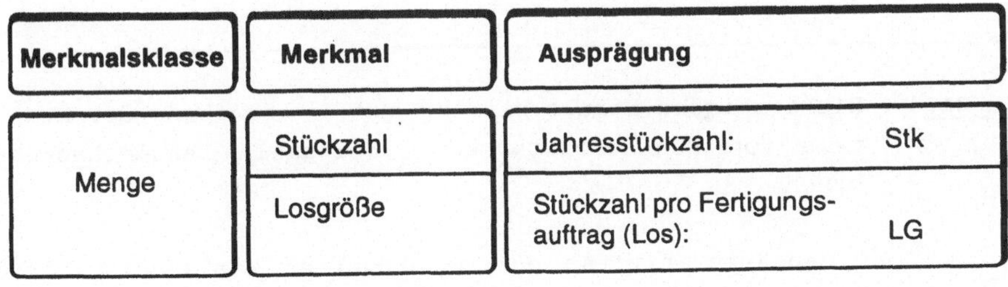

Bild 20: Organisatorische Merkmale und Ausprägungen von Blechwerkstücken

Die hierarchische Strukturierung zur Beschreibung der Merkmale von
Blechwerkstücken mit Merkmalsbereichen, Merkmalsklassen, Merkmalen
und Ausprägungen ist am Beispiel des geometrischen Merkmals Langlochdurchbruch mit den Ausprägungen Länge und Breite in **Bild 21**
zusammenfassend dargestellt.

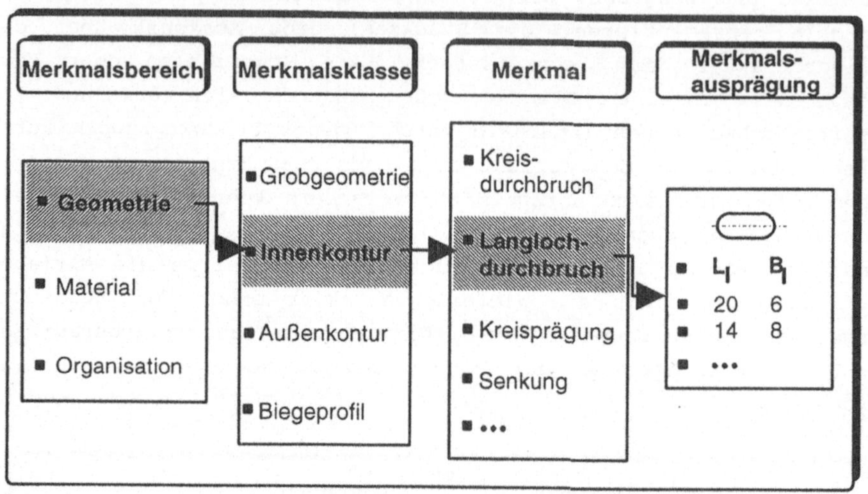

Bild 21:   Hierarchische Strukturierung zur Beschreibung der Merkmale von Blechwerkstücken - Beispiel: Langlochdurch-
bruch

Aufgrund der Repräsentativität der untersuchten Werkstückspektren
können mit der daraus abgeleiteten und entwickelten Merkmalsstrukturierung für die flexible Blechteilefertigung die Werkstückmerkmale allgemein strukturiert werden. Weiter ermöglicht die erarbeitete Struktur der Merkmale die fallweise Erweiterung um zusätzliche Merkmale. Somit ist hierdurch die Basis geschaffen, die fertigungstechnisch wirksam werdenden Merkmale von Blechwerkstücken den
werkstückbezogen rückwirkenden Merkmalen der Fertigungseinrichtungen strukturiert gegenüberzustellen.

4.5 **Strukturierung der Merkmale von Fertigungseinrichtungen**

Die Merkmale der Fertigungseinrichtungen beschreiben die fertigungstechnischen Möglichkeiten und Restriktionen in bezug auf die Durchführung der Fertigungsaufgabe hinsichtlich der Bearbeitung und des Materialflusses für die Blechwerkstücke in der flexiblen Blechteilefertigung. Die fertigungstechnischen, werkstückbezogen rückwirkenden Merkmale ergeben sich aus dem Fertigungsablauf, der durch die Verknüpfung von Fertigungseinrichtungen zur Bearbeitung und für den Materialfluß charakterisiert ist. Im Rahmen der Werkstückbearbeitung wird hierbei - wie schon bei der Strukturierung der geometrischen Merkmale von Blechwerkstücken ausgeführt - grundsätzlich zwischen der ebenen Bearbeitung und der Biegebearbeitung unterschieden.

Daher werden ausgehend von der Verwendung von Fertigungsdaten in der Arbeitsvorbereitung, den Ergebnissen der vom Verfasser durchgeführten werkstückorientierten Analysen von Fertigungseinrichtungen, den grundsätzlichen Fertigungsaufgaben und deren Umsetzung in der flexiblen Blechteilefertigung für die Strukturierung der Merkmale der Fertigungseinrichtungen die drei fertigungstechnischen Merkmalsbereiche

- ebene Bearbeitung,
- Biegebearbeitung und
- Materialfluß

abgeleitet. Somit wird die Strukturierung den in Abschnitt 3.2 aufgestellten Anforderungen nach Berücksichtigung unterschiedlicher Einflüsse im Fertigungsablauf der flexiblen Blechteilefertigung gerecht.

Fertigungseinrichtungen des **Merkmalsbereichs 'ebene Bearbeitung'** fertigen das ebene Blechwerkstück ausgehend vom Ausgangsmaterial Blechtafel. Darunter wird zum einen die Herstellung des Zuschnittes als auch die Erzeugung der ebenen Innen- und Außenkontur eines Blechwerkstückes verstanden. Weit verbreitete Fertigungseinrichtungen zur ebenen Bearbeitung von Blechwerkstücken sind beispiels-

weise CNC-Stanz-Nibbelmaschinen wie in **Bild 22** dargestellt /89/.
Dort erfolgt die Erzeugung der ebenen Kontur von Blechwerkstücken
durch einen mechanischen Trennvorgang mittels numerisch gesteuer-
ter Einzelwerkzeuge, wobei vorwiegend Rund- und Rechteckstempel
und bei speziellen Konturformen Sonderstempel Verwendung finden.

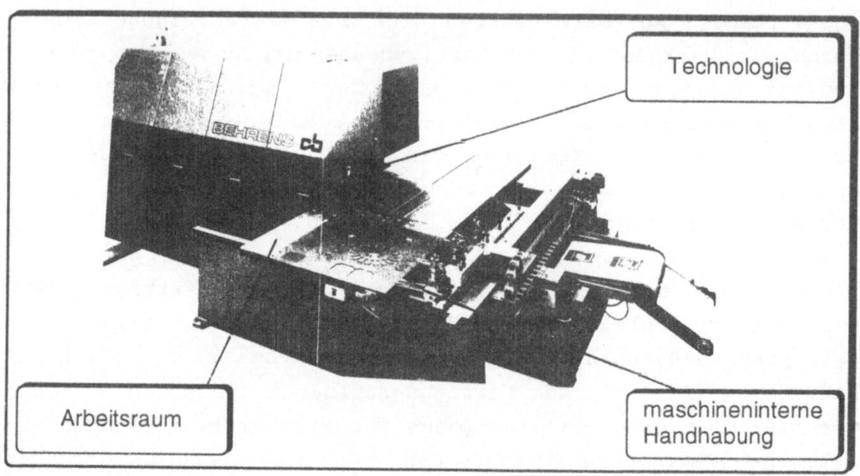

Bild 22: CNC-gesteuerte Stanz-Nibbelmaschine (Behrens AG, Alfeld)

Fertigungseinrichtungen des **Merkmalsbereichs 'Biegebearbeitung'**
dienen in der flexiblen Blechteilefertigung zur Erzeugung der
räumlichen Kontur von Blechwerkstücken. **Bild 23** zeigt beispielhaft
als bekannten Vertreter dieser Fertigungseinrichtungen eine CNC-
Schwenkbiegemaschine. Dort wird das ebene Blechwerkstuck mittels
eines Niederhalters gespannt und die Biegeschenkel werden mittels
einer entsprechenden Biegewange durch eine drehende Bewegung umge-
formt /90,91/.

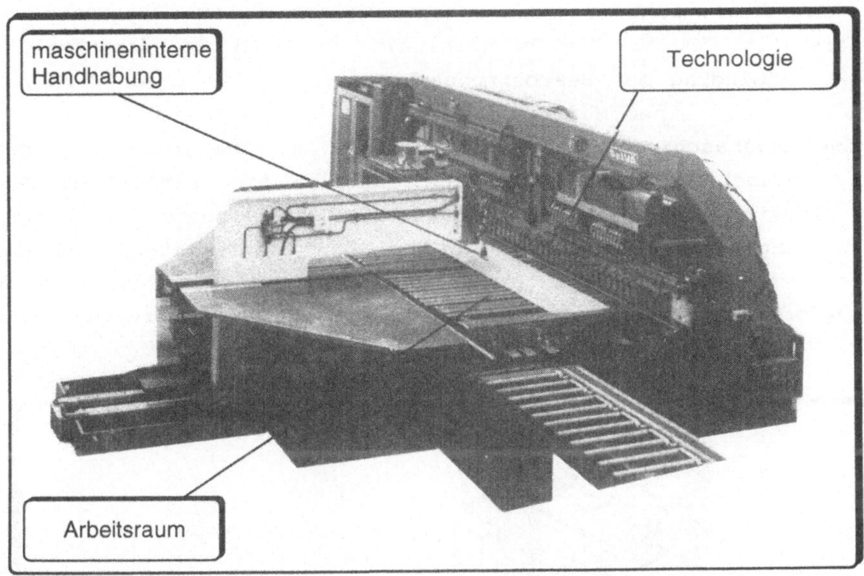

Bild 23:   Biegezentrum zum CNC-Schwenkbiegen (Salvagnini S.p.A., Sarego)

In der vorliegenden Arbeit wird die maschineninterne Handhabung den jeweiligen Bereichen der ebenen und Biegebearbeitung, die maschinenexterne Handhabung dem Bereich Materialfluß zugeordnet. Der Materialfluß stellt den Durchlauf von Gütern in der Fertigung dar und verknüpft die unterschiedlichen Bearbeitungsprozesse durch die Vorgänge Handhaben, Transportieren und Lagern /104/. Somit wird der **Merkmalsbereich 'Materialfluß'** durch Fertigungseinrichtungen repräsentiert, die diese Vorgänge realisieren. Fertigungseinrichtungen für den Transport umfassen vor allem Förder- und Förderhilfsmittel. Zum Einsatz kommen hierzu in der flexiblen Blechteilefertigung beispielsweise Rollenbahnen, Gabelstapler und induktiv geführte fahrerlose Transportsysteme, wobei die Forderhilfsmittel zum Teil den blechspezifischen Gegebenheiten angepaßt sind. In vielen flexiblen Blechteilefertigungen spielt das Lager eine zentrale Rolle, da es neben dem reinen Speichern und Lagern weitere logistische Aufgaben wie beispielsweise die kontinuierliche und zuverlässige Versorgung der Fertigungseinrichtungen wie beispielsweise Stanz-Nibbelmaschinen mit Rohmaterial und auch die auftragsbezogene Weiterführung von schon angearbeitetem Blechmaterial sicherstellt. Durch die beispielhaft in **Bild 24** dargestellte direkte Anbindung der Bearbeitungsmaschinen an das Lager wird der Forderung nach einem Materialfluß direkt "vom Wareneingang zu den Bearbeitungsmaschinen" Rechnung getragen, so daß beide zusammen mit der Handhabung funktionell und räumlich eine Einheit bilden. Gleichzeitig kann das Lager als Puffer zwischen ebenen und Biege-Bearbeitungsvorgängen genutzt werden. Es gewährleistet, daß das Material in der richtigen Qualität zum vorgegebenen Zeitpunkt in der geforderten Menge mit geringstmöglichem Aufwand bereitgestellt wird.

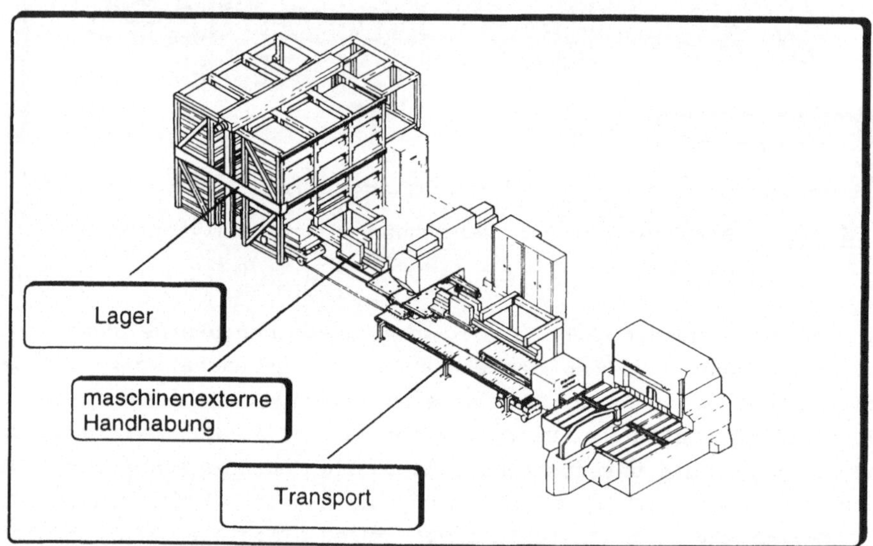

Bild 24:   Automatisches Blechlager mit angekoppelten Blechbearbeitungsmaschinen

Um die kennzeichnenden Eigenschaften der abgeleiteten Merkmalsbereiche ebene Bearbeitung, Biegebearbeitung und Materialfluß näher zu beschreiben, wird im weiteren eine hierarchische Strukturierung der fertigungstechnischen Merkmale entsprechend den einzelnen Komponenten der Fertigungseinrichtungen in unterschiedliche Merkmalsklassen durchgeführt, wie in Abschnitt 4.3 und Bild 12 gezeigt.

Diese im einzelnen dargestellte hierarchische Strukturierung der Merkmale von Fertigungseinrichtungen ermöglicht eine gezielte Berücksichtigung der fertigungstechnischen Merkmale bei der Abstimmung zwischen Konstruktion und Fertigung im Hinblick auf eine fertigungsgerechte Konstruktion von Blechwerkstücken. Diese Strukturierung kann zugleich als Grundlage für eine entsprechend den Merkmalsbereichen problemorientierte fertigungstechnische Beratung der Konstruktion benutzt werden.

4.5.1 Strukturierung der Merkmale von Fertigungseinrichtungen für den Bereich der ebenen Bearbeitung

Zur Realisierung der durch die Konstruktion der Blechwerkstücke gestellten Anforderungen an die Bearbeitungsaufgabe, die sich aus den fertigungstechnisch wirksam werdenden Werkstückmerkmalen ergeben, sind die werkstückbezogen rückwirkenden fertigungstechnischen Merkmale zu beschreiben.

Ausgehend von der Verwendung der Werkstück- und Fertigungsdaten in der Arbeitsvorbereitung, den durchgeführten werkstückorientierten Analysen der Fertigungseinrichtungen und den unterschiedlichen Komponenten der Fertigungseinrichtungen zur Durchführung der Bearbeitungsaufgabe wird im folgenden entsprechend **Bild 25** der fertigungstechnische Merkmalsbereich der ebenen Bearbeitung in die für die Abstimmung zwischen Konstruktion und Fertigung relevanten Merkmalsklassen

- Technologie,,
- Arbeitsraum und
- maschineninterne Handhabung

strukturiert.

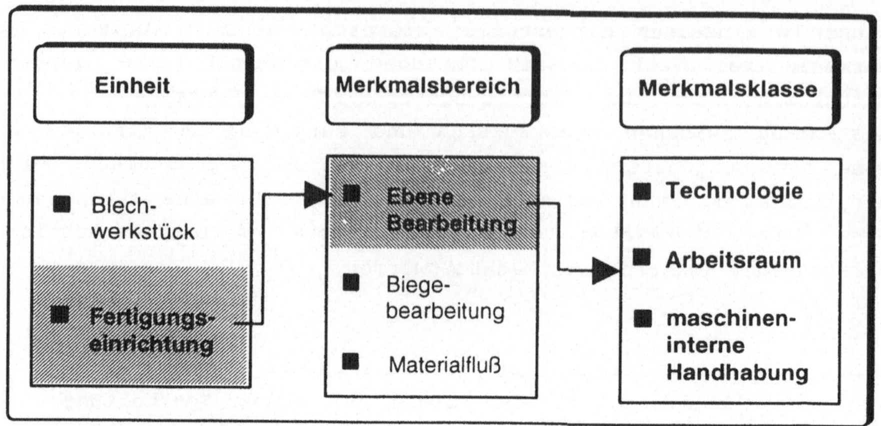

Bild 25:   Strukturierung des Merkmalsbereichs Ebene Bearbeitung von Fertigungseinrichtungen in Merkmalsklassen

Die technischen Bearbeitungsmöglichkeiten der Fertigungseinrichtungen werden durch die Merkmalsklasse Technologie gekennzeichnet und beziehen sich direkt auf den Bearbeitungsprozess. Dies ergibt eine Aussage über die Möglichkeiten zur Erzeugung der Innen- und Außenkontur der Blechwerkstücke. Um ein Blechwerkstück auf einer Fertigungseinrichtung für die ebene Bearbeitung fertigen zu können, muß ein entsprechend gestalteter Arbeitsraum zur Verfügung stehen. Hierzu sind die Arbeitsraummerkmale zur Abstimmung mit den die Grobgeometrie beschreibenden Merkmalen der Blechwerkstücke heranzuziehen. Hingegen werden die notwendigen Relativbewegungen zwischen Blechwerkstück und Fertigungseinrichtung vor allem durch Komponenten der maschineninternen Handhabung realisiert. Die detaillierte Auflistung und die Strukturierung der Merkmale für Fertigungseinrichtungen der ebenen Bearbeitung mit deren Ausprägungen sind in **Bild 26** dargestellt.

Merkmalsklasse	Merkmal	Ausprägung	
Technologie	Kraft	maximale Stanzkraft	$F_{S\,max}$
	verarbeitbare Blechdicke	max./min. Blechdicke	s_{max}, s_{min}
	Werkzeugkonzept	max./min. Stanzdurchmesser	$D_{S\,max}, D_{S\,min}$
		max. Anzahl Werkzeuge	$N_{WZ\,max}$
		Werkzeugwechselzeit	t_{WZ}
		max. Werkzeugdrehwinkel	$W_{WZ\,max}$
	Geschwindigkeit	Hubfrequenz (Nibbeln)	$f_{H,N}$
		Hubfrequenz (Stanzen, Lochen)	$f_{H,S}$
Arbeitsraum	maximale Platinenauflagefläche	maximale Länge	$L_{PA\,max}$
		maximale Breite	$B_{PA\,max}$
		maximale Diagonale	$D_{PA\,max}$
	zulässige Arbeitstischbelastung	max. Arbeitstischbelastung	$M_{T\,max}$
	Nennarbeitsbereich	Verfahrweg in x - Richtung	s_x
		Verfahrweg in y - Richtung	s_y
maschineninterne Handhabung	Handhabungsprinzip	Anzahl Spannpratzen	N_{Sp}
		Spannpratzenabstand	x_{Sp}
		Rückschwenkbare Spannpratzen	ja / nein
		Spannkraft	F_S
		Nachsetzweg	s_{Ns}
		Positioniergenauigkeit	X_{pos}, Y_{pos}
	Greiferprinzip	Sauggreifer, Magnetgreifer, Zangengreifer	
	minimal greifbare Platinengröße	minimale Platinenlänge	$L_{P\,min}$
		minimale Platinenbreite	$B_{P\,min}$
	zulässige Tragfähigkeit	maximale Tragfähigkeit	$M_{Hi\,max}$
	Handhabungsgeschwindigkeit	Drehgeschwindigkeit	v_{dreh}
		Positioniergeschwindigkeit	$v_{pos\,x}, v_{pos\,y}$
		Nachsetzgeschwindigkeit	v_{Ns}
	Werkstückführung	Kugelrollen, Kunststoffborsten	
	Kleinteileentsorgung	maximale Länge	$L_{K\,max}$
		maximale Breite	$B_{K\,max}$

Bild 26: Merkmalsklassen, Merkmale und Ausprägungen der Fertigungseinrichtungen der ebenen Bearbeitung

Der **Merkmalsklasse Technologie** werden als Merkmale Kraft, verarbeitbare Blechdicke, Werkzeugkonzept sowie Geschwindigkeit untergeordnet. In der weiteren Zuordnung der Ausprägungen zu den Merkmalen wird beispielsweise dem Merkmal Werkzeugkonzept die maximal beziehungsweise minimal einsetzbaren Stanzdurchmesser, die Anzahl verfügbarer Werkzeuge sowie die Dauer des Werkzeugwechsels und der maximale Werkzeugdrehwinkel als Ausprägungen zugeordnet. Der maximale Stanzdurchmesser ist für die Bearbeitungszeit und die Konturgenauigkeit großer Durchbrüche maßgebend, die durch Werkzeuge mit kleineren Stanzdurchmessern nur mit entsprechend höherer Bearbeitungszeit erzielt werden können. Der minimale Stanzdurchmesser hingegen wird durch die Knickstabilität und die Gefahr des Abreißens des Stempels begrenzt.

In Anlehnung an die Gliederung von Werkzeugmaschinendaten für die spanende Bearbeitung nach VDI 2856 /92/ wird die **Merkmalsklasse Arbeitsraum** in maximale Platinenauflagefläche, zulässige Arbeitstischbelastung und Nennarbeitsbereich unterteilt. Der Nennarbeitsbereich gibt den Verfahrweg des Werkzeugs entlang der X- und Y-Achse an. Die maximale Platinenauflagefläche ist durch die Ausprägungen maximale Länge, maximale Breite und maximale Diagonale definiert.

Die **Merkmalsklasse maschineninterne Handhabung** wird entsprechend der hierarchischen Strukturierung in Bild 26 durch Merkmale wie Handhabungsprinzip, Handhabungsgeschwindigkeit oder Werkstückführung der Fertigungseinrichtungen für die ebene Bearbeitung repräsentiert. Bei den in der industriellen Praxis am häufigsten eingesetzten Stanz-Nibbelmaschinen wird das Rohmaterial mit Hilfe von Spannpratzen während der Bearbeitung in der gewünschten Position gehalten, die sowohl für magnetische als auch nichtmagnetische Werkstoffe eingesetzt werden. Ausprägungen wie zum Beispiel Anzahl Spannpratzen, Spannpratzenabstand, rückschwenkbare Spannpratzen und Nachsetzweg spezifizieren das Merkmal Handhabungsprinzip. Die Rückschwenkbarkeit von Spannpratzen ermöglicht die problemlose Bearbeitung in den Randzonen des Blechwerkstückes. Bei Stanz-Nibbelmaschinen sind die maximal zulässigen Werkstückabmessungen in der Regel größer als der Nennarbeitsbereich des Werkzeuges. Daraus leitet sich die Ausprägung Nachsetzweg des Werkstückes während der Bearbeitung für das Merkmal Handhabungsprinzip ab. Die Werkstückführung als ein weiteres Merkmal der maschineninternen Handhabung gibt darüber Auskunft, wie das Werkstuck während der Bearbeitung

geführt wird. Die praxisgängigen Ausprägungen des Merkmals Werkstückführung sind Kugelrollen oder Kunststoffborsten und sind damit hinsichtlich der Oberflächenempfindlichkeit der Blechwerkstücke von Bedeutung.

In **Bild 27** ist die Struktur für den Merkmalsbereich der ebenen
Bearbeitung am Beispiel einer Stanz-Nibbelmaschine aufgezeigt.

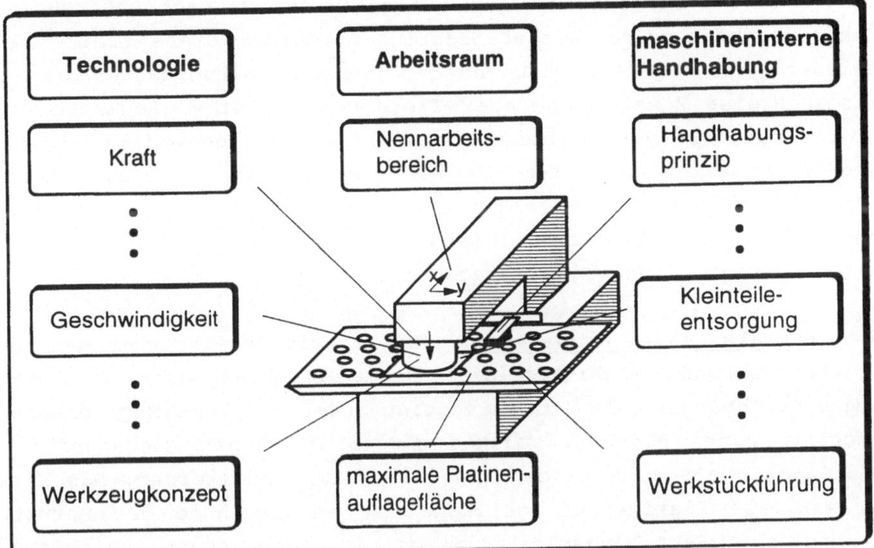

Bild 27:   Merkmale von Fertigungseinrichtungen zur ebenen Bearbeitung: Stanz-Nibbelmaschine (Beispiele)

4.5.2   Strukturierung der Merkmale von Fertigungseinrich-
tungen für den Bereich der Biegebearbeitung

Entsprechend den unterschiedlichen fertigungstechnischen Einflußgrößen auf die Abstimmung zwischen Konstruktion und Fertigung wird
der Merkmalsbereich der Biegebearbeitung entsprechend der ebenen
Bearbeitung von Bild 25 in die Merkmalsklassen

- Technologie,
- Arbeitsraum und
- maschineninterne Handhabung

untergliedert. Die vollständige Auflistung und detaillierte Strukturierung der werkstückbezogen rückwirkenden Merkmale der Fertigungseinrichtungen für die Biegebearbeitung mit deren Ausprägungen zeigt **Bild 28**.

Die Kraft ist ein wichtiges Merkmal der **Merkmalsklasse Technologie**. Besonders deren Ausprägungen Niederhalterkraft und Biegekraft sind maßgebend für exakte gerade Biegekanten. Je nach unterschiedlicher Blechdicke und Werkstoffestigkeit müssen diese Kräfte einstellbar sein. Die Ausprägungen des Merkmals Niederhalterform wie beispielsweise Höhe, Länge oder Tiefe der einzelnen Segmente sind für die Vielfalt der möglichen herstellbaren Biegeprofilarten maßgebend. Zusammen mit dem Merkmal Werkzeugkonzept und dessen Ausprägungen minimale Spreizwerkzeuglänge und maximale unterbrochene Biegelänge bestimmen diese Merkmale die Flexibilität der Fertigungseinrichtungen der Biegebearbeitung.

Die **Merkmalsklasse Arbeitsraum** für Fertigungseinrichtungen der Biegebearbeitung beschreibt die maximalen Abmessungen an Fertigungseinrichtungen für die fertigungstechnischen Möglichkeiten bezüglich eines Blechwerkstückes sowohl in ebener Ausgangsform - Hüllfläche - als auch in gebogener Endform - Hüllkörper. Das Merkmal maximale Platinenauflagefläche ist entsprechend der Strukturierung der Fertigungseinrichtungen für die ebene Bearbeitung durch die maximale Länge, maximale Breite und maximale Diagonale definiert. Aus den Ergebnissen der vom Autor durchgeführten Analysen der Fertigungseinrichtungen der Biegebearbeitung läßt sich des weiteren das Merkmal Biegeprofilbereich ableiten. Eine wichtige Ausprägung dieses Merkmals ist die Durchgangshöhe - maximaler Abstand zwischen Niederhalter und Maschinentisch, die maßgebend für die Entnahmemöglichkeit des Blechwerkstückes nach dem letzten Biegevorgang aus der Maschine ist. Als weitere Ausprägung des Merkmals Biegeprofilbereich ist der maximale Profilradius - Verfahrbereich des Umformwerkzeuges - von Bedeutung. Dieser bestimmt die Möglichkeiten und Restriktionen der herstellbaren Anordnung und Kombination der Biegekanten sowie die maximalen Schenkelhöhen der Blechwerkstücke.

Merkmalsklasse	Merkmal	Ausprägung	
Technologie	Kraft	Biegekraft	F_B
		Niederhalterkraft	F_N
	verarbeitbare Blechdicke	minimale/maximale Blechdicke	s_{min}, s_{max}
	Werkzeugkonzept	min. Spreizwerkzeuglänge	$L_{S\,min}$
		max. unterbrochene Biegelänge	$L_{Bu\,max}$
	Niederhalterform	Höhe	H_N
		Länge	L_N
		Breite	B_N
		Tiefe	T_N
		Radius	R_N
	Zeit	Zeit pro Biegung	t_b
		Biegerichtungswechselzeit	t_{Richt}
		Werkzeugwechselzeit	t_{WZ}
	zulässiger Biegewinkel	min./max. Biegewinkel	$W_{B\,min}/W_{B\,max}$
	zulässiger Biegeradius	minimaler Biegeradius	R_{Bmin}
Arbeitsraum	maximale Platinenauflagefläche	maximale Länge	$L_{PA\,max}$
		maximale Breite	$B_{PA\,max}$
		maximale Diagonale	$D_{PA\,max}$
	zulässige Arbeitstischbelastung	max. Arbeitstischbelastung	$M_{T\,max}$
	Biegeprofilbereich	maximale Durchgangshöhe	$H_{D\,max}$
		maximaler Profilradius	$R_{PR\,max}$
maschineninterne Handhabung	Handhabungsprinzip	Spanntellermanipulatordurchmesser	D_{Sp}
		Zangengreiferabstand	x_{Sp}
		Spannkraft	F_S
		Nachsetzweg	s_{Ns}
		Positioniergenauigkeit	X_{pos}, Y_{pos}
	Greiferprinzip	Sauggreifer, Magnetgreifer, Zangengreifer,	
		Spanntellermanipulator	
	minimale greifbare Platinengröße	minimale Platinenlänge	$L_{P\,min}$
		minimale Platinenbreite	$B_{P\,min}$
	zulässige Tragfähigkeit	maximale Tragfähigkeit	$M_{Hi\,max}$
	Handhabungsgeschwindigkeit	Drehgeschwindigkeit	v_{dreh}
		Positioniergeschwindigkeit	$v_{pos\,x}, v_{pos\,y}$
		Nachsetzgeschwindigkeit	v_{Ns}
	Werkstückführung	Kugelrollen, Kunststoffborsten	

Bild 28: Merkmalsklassen, Merkmale und Ausprägungen der Fertigungseinrichtungen der Biegebearbeitung

Die **Merkmalsklasse maschineninterne Handhabung** strukturiert sich in Merkmale, die beschreiben, wie das Werkstück während der Biegung gespannt und geführt wird. Beispiel hierfür ist das Handhabungsprinzip des Blechwerkstückes während der Bearbeitung. Die maschineninterne Handhabung erfolgt bei den untersuchten Fertigungseinrichtungen zum Biegen überwiegend durch Spanntellermanipulatoren und Zangengreifer, die sowohl für magnetische als auch nichtmagnetische Werkstücke eingesetzt werden. Maßgebliche Ausprägungen des Merkmals Handhabungsprinzip sind beispielsweise der Spanntellermanipulatordurchmesser und der Zangengreiferabstand.

In **Bild 29** ist die erarbeitete Strukturierung für den Merkmalsbereich der Biegebearbeitung am Beispiel eines Biegezentrums zum automatischen Schwenkbiegen aufgezeigt.

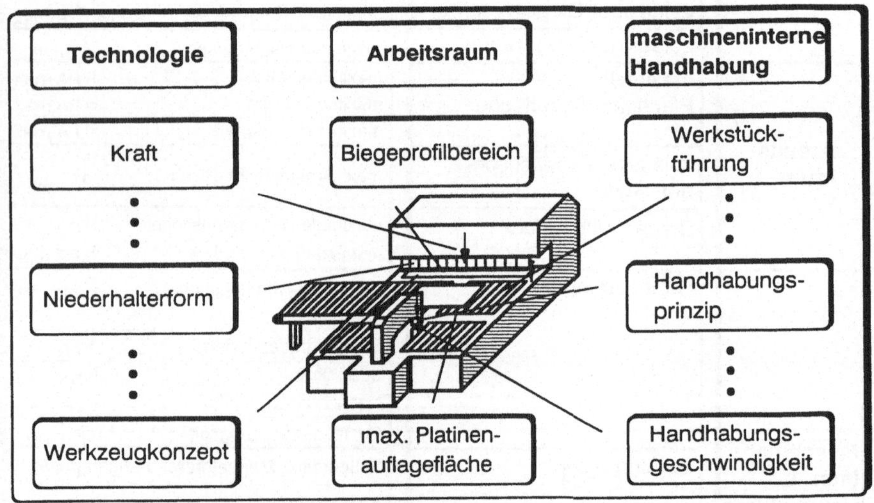

Bild 29:   Merkmale von Fertigungseinrichtungen zur Biegebearbeitung: CNC-Schwenkbiegezentrum (Beispiele)

4.5.3   **Strukturierung der Merkmale von Fertigungseinrichtungen für den Bereich Materialfluß**

Bei der Durchführung der unterschiedlichen Aufgaben im Rahmen des
Materialflusses, der die verschiedenen Fertigungseinrichtungen zur
Bearbeitung in der flexiblen Blechteilefertigung miteinander verknüpft, sind die blechspezifischen Besonderheiten zu berücksichtigen. So stellen die große Volumenänderung der Blechwerkstücke während des Fertigungsfortschritts - vor allem nach dem Biegen - mit
dem daraus resultierenden größeren Raumbedarf, die Frage nach der
richtigen Entsorgungsart wie beispielsweise sortenreines oder ge-
mischtes Abstapeln oder auch die teilespezifische Oberflächenempfindlichkeit und Stapelbarkeit besondere Anforderungen an die Fertigungseinrichtungen für den Materialfluß in der Blechteilefertigung.

Ausgehend von den unterschiedlichen Materialflußaufgaben wie Ver-
und -entsorgen, Handhaben, Sortieren, Bereitstellen, Transportieren und Lagern von Blechwerkstücken und entsprechend den sich daraus ergebenden unterschiedlichen materialflußtechnischen Einflußgrößen auf die Abstimmung zwischen Konstruktion und Fertigung wird
im folgenden wie in **Bild 30** dargestellt der Merkmalsbereich Materialfluß in Anlehnung an die Strukturierung des Materialflusses
der spanenden Bearbeitung nach /93/ in die Merkmalsklassen
maschinenexterne Handhabung, Transport und Lager untergliedert.

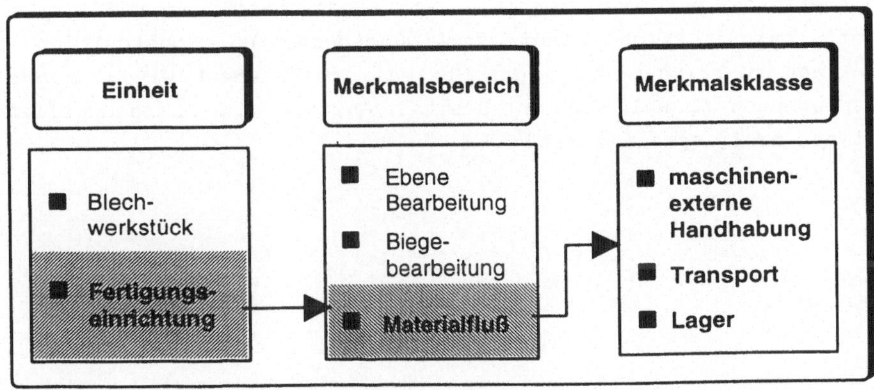

Bild 30:   Strukturierung des Merkmalsbereichs Materialfluß

Die für die Abstimmung zwischen Konstruktion und Fertigung relevanten Merkmalsklassen, Merkmale und deren Ausprägungen des Merkmalbereiches Materialfluß sind in **Bild 31** detailliert aufgelistet und strukturiert.

Die **Merkmalsklasse maschinenexterne Handhabung** wird durch Merkmale repräsentiert, die die Möglichkeiten und Restriktionen für manuelle und automatische Handhabungsvorgänge vor und nach der Bearbeitung und dem damit direkt verbundenen maschineninternen Handhabungsvorgang beschreiben. Fertigungseinrichtungen dieser Art sind Be- und Entladesysteme und Handhabungsmanipulatoren, die im Zusammenhang mit dem verschnittminimierten Anordnen unterschiedlicher Blechwerkstücke auf einer Blechtafel bei der ebenen Bearbeitung verwendet werden /94/. Relevante Be- und Entladesysteme sind Blechtafelvereinzelungseinrichtungen, Portalhandhabungssysteme sowie Abstapeleinrichtungen. Von großer Bedeutung ist hierbei der minimale und maximale Werkstuckaufnahmebereich.

Bei der Mehrzahl der untersuchten Greiferarten erfolgt die Kraftübertragung auf das Blechteil kraftschlussig. Aus einer im Rahmen dieser Arbeit durchgeführten Analyse von Einrichtungen für die maschinenexterne Handhabung von Blechteilen, die sich auch mit den Aussagen von /114, 115/ deckt, lassen sich für das Merkmal Greiferprinzip grundsätzlich drei Arten - Sauggreifer, Magnetgreifer und Zangengreifer - als Ausprägungen herleiten, die einerseits bei der Gestaltung der Innenkontur der Blechwerkstücke zu beachten und andererseits mit den magnetischen Eigenschaften des Blechwerkstoffs hinsichtlich einer fertigungsgerechten Konstruktion in Einklang zu bringen sind. Das Merkmal Greifelement wird durch die Ausprägungen Anzahl, Länge, Breite, Abstand und Anordnungsflexibilität näher spezifiziert.

Merkmalsklasse	Merkmal	Ausprägung	
maschinenexterne Handhabung	zulässiger Werkstückaufnahmebereich	min./max. Länge	$L_{WA\,min}$, $L_{WA\,max}$
		min./max. Breite	$B_{WA\,min}$, $B_{WA\,max}$
		min./max. Höhe	$H_{WA\,min}$, $H_{WA\,max}$
		min./max. Diagonale	$Dia_{WA\,min}$, $Dia_{WA\,max}$
	Greiferprinzip	Sauggreifer, Magnetgreifer, Zangengreifer	
	zulässige Tragfähigkeit	maximale Tragfähigkeit	$M_{He\,max}$
	Greifelement	Anzahl	N_G
		Länge, Breite	L_G, B_G
		Abstand	x_G
		Anordnungsflexibilität (fix, variabel)	
	Positioniermöglichkeit	Geschwindigkeit	$v_{pos\,x}$, $v_{pos\,y}$
		Genauigkeit	X_{pos}, Y_{pos}
	Blechvereinzelungsprinzip	magnetisch, pneumatisch, Friktion	
Transport	zulässiger Werkstückaufnahmebereich	min./max. Länge	$L_{WA\,min}$, $L_{WA\,max}$
		min./max. Breite	$B_{WA\,min}$, $B_{WA\,max}$
		min./max. Höhe	$H_{WA\,min}$, $H_{WA\,max}$
		min./max. Diagonale	$Dia_{WA\,min}$, $Dia_{WA\,max}$
	zulässige Tragfähigkeit	max. Fördermitteltragfähigkeit	$M_{FM\,max}$
		max. Förderhilfsmitteltragfähigkeit	$M_{FHM\,max}$
	Begrenzungsprinzip	tragend, umschließend, unterteilt	
	Material der Aufnahmefläche	Metall, Holz, Kunststoff, ...	
	Geometrie der Aufnahmefläche	eben ausgebildet, werkstückspezifisch geformt, unterbrochen	
Lager	Lagerfachabmessungen	Länge	L_L
		Breite	B_L
		Höhe	H_L
	zulässige Tragfähigkeit	max. Tragfähigkeit	$M_{L\,max}$
	Lagermittel	Palette, Kiste, Magazin	

Bild 31: Merkmale und Ausprägungen der Fertigungseinrichtungen für den Bereich Materialfluß

Die Merkmale der **Merkmalsklasse Transport** beschreiben die Möglichkeiten und Restriktionen der in der flexiblen Blechteilefertigung
eingesetzten Förder- und Förderhilfsmittel. Entsprechend der maschinenexternen Handhabung ist bei der Merkmalsklasse Transport
der zulässige Werkstückaufnahmebereich ein zentrales Merkmal der
Fertigungseinrichtung. Die Ableitung des Merkmals Material der
Aufnahmefläche und dessen Unterteilung in Ausprägungen wie Metall,
Holz und Kunststoff lehnt sich an die Gliederung des Transport-
systems für die spanende Bearbeitung an, die von REFA erarbeitet
wurde /95/ und ist im Zusammenhang mit der Oberflächenempfindlichkeit eines Blechwerkstücks zu sehen. Weiter wird das Begrenzungs-
prinzip der Förderhilfsmittel als Merkmal zur Beschreibung der
Möglichkeiten und Restriktionen der Fertigungseinrichtungen für
den Transport festgelegt. Dessen Ausprägungen wie tragend, um-
schließend oder unterteilt haben zusammen mit der räumlichen Werk-
stückkontur großen Einfluß auf den Materialfluß in der flexiblen
Blechteilefertigung. Aufbauend auf den in Abschnitt 4.4 insbesondere für den Bereich der Biegebearbeitung abgeleiteten Werkstückmerkmalen erfolgt die Ableitung des Merkmals Geometrie der Aufnahmefläche. Dieses Merkmal wird durch Ausprägungen wie beispielsweise eben ausgebildet oder werkstückspezifisch geformt näher spezifiziert.

Die **Merkmalsklasse Lager** wird durch die Merkmale Lagerfachabmes-
sung, zulässige Tragfähigkeit und Lagermittel repräsentiert. In
Bild 31 werden den einzelnen Merkmalen die dazugehörigen Merkmalsausprägungen zugeordnet, wie beispielsweise dem Merkmal Lager-
fachabmessung die Ausprägungen Länge, Breite und Höhe. Durch das
Merkmal Lagermittel wird die Flexibilität des Lagers bezüglich unterschiedlicher Blechteilespektren charakterisiert. So können die
Lagermittel als Palette, Kiste oder Magazin ausgeführt werden.

Bild 32 zeigt die erarbeitete Struktur der materialflußtechnischen Merkmale am Beispiel von in der industriellen Praxis häufig eingesetzten technischen Einrichtungen für den Materialfluß.

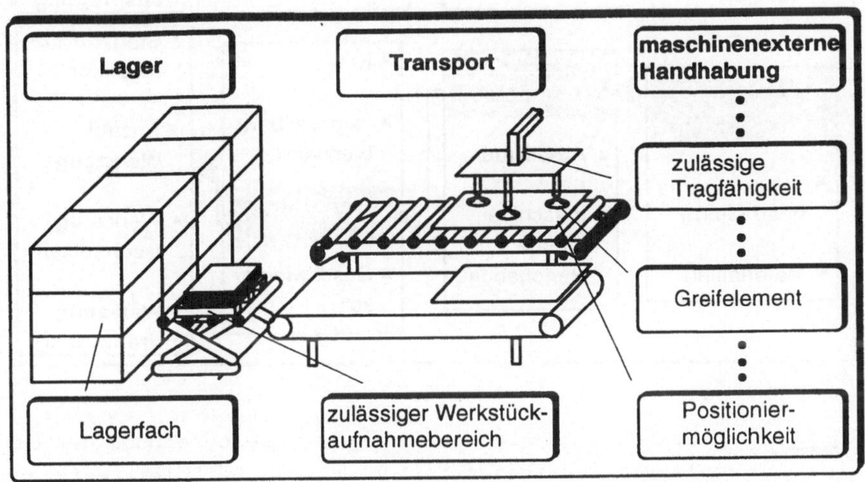

Bild 32: Merkmale von Fertigungseinrichtungen für den Materialfluß (Beispiele)

Die hierarchische Struktur zur Beschreibung der Merkmale von Fertigungseinrichtungen für die flexible Blechteilefertigung ausgehend von Merkmalsbereichen über Merkmalsklassen und Merkmale bis hin zu den Merkmalsausprägungen ist in **Bild 33** zusammenfassend dargestellt. Ausgehend vom Merkmalsbereich ebene Bearbeitung über die Merkmalsklasse Technologie werden im Beispiel von Bild 33 dem Merkmal Werkzeugkonzept die Merkmalsausprägungen Stanzdurchmesser, Anzahl Werkzeuge, Werkzeugwechselzeit und Werkzeugdrehwinkel zugeordnet.

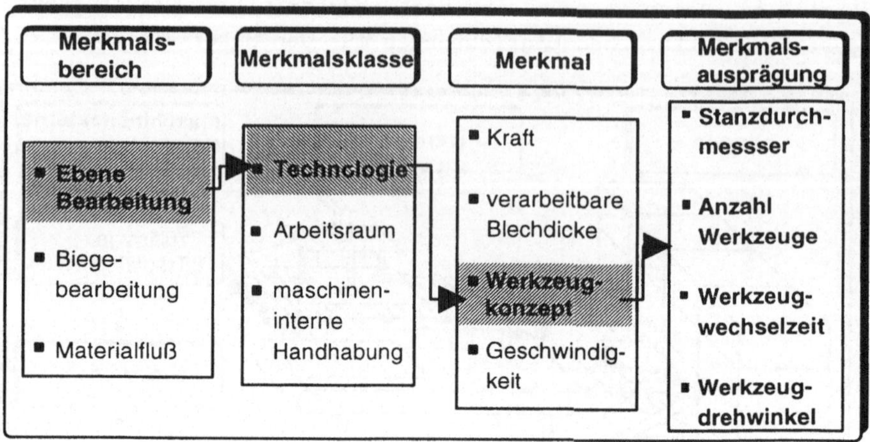

Bild 33: Hierarchische Strukturierung zur Beschreibung der Merkmale von Fertigungseinrichtungen - Beispiel: Werkzeugkonzept - Ebene Bearbeitung

5 Entwicklung von Zuordnungsregeln zwischen Werkstückmerkmalen und Merkmalen der Fertigungseinrichtungen: Erarbeitung der Regelbasis

5.1 Entwicklung von Wechselbeziehungen

5.1.1 Prinzipielle Möglichkeiten von Wechselbeziehungen

Aus den Wechselbeziehungen der erarbeiteten und strukturierten Merkmale von Blechwerkstücken und Fertigungseinrichtungen lassen sich die werkstück- und fertigungsbezogenen Gesetzmäßigkeiten und Zusammenhänge zwischen den Werkstückanforderungen und den Möglichkeiten und Restriktionen der Fertigungseinrichtungen ableiten. Somit sind die im folgenden dargestellten Wechselbeziehungen Grundlage zur Abstimmung zwischen Konstruktion und Fertigung. Hierzu werden entsprechend **Bild 34** die Merkmale der Fertigungseinrichtungen jeweils den korrespondierenden Merkmalen der Blechwerkstücke gegenübergestellt.

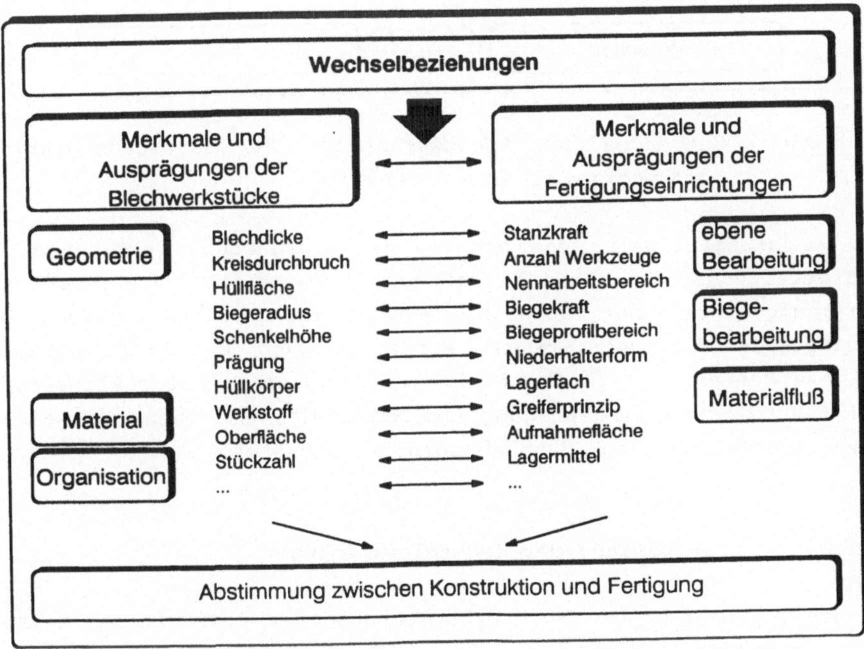

Bild 34: Wechselbeziehungen zwischen Werkstuckmerkmalen und Merkmalen von Fertigungseinrichtungen

Bei der Gegenüberstellung der fertigungstechnisch wirksam werdenden Merkmale von Blechwerkstücken zu den werkstückbezogen rückwirkenden Merkmalen von Fertigungseinrichtungen zeigt sich, daß ein
Werkstückmerkmal immer mit mehreren Merkmalen von Fertigungseinrichtungen in Beziehung steht und umgekehrt. Ein Beispiel für die
Zuordnung von jeweils drei Merkmalen zeigt **Bild 35**.

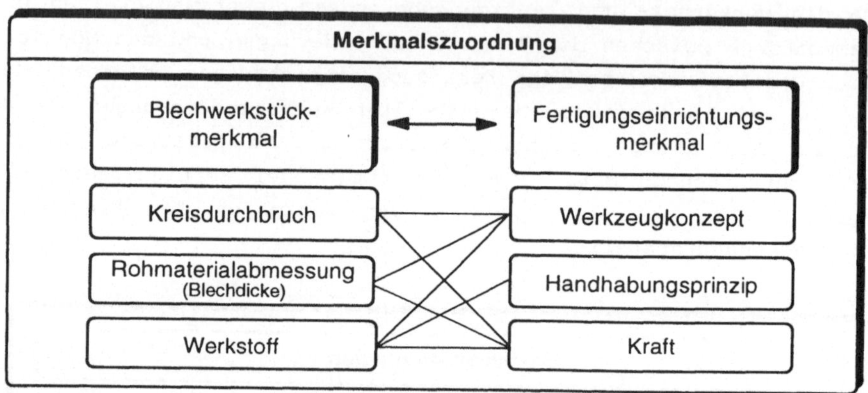

Bild 35:   Zuordnung von Blechwerkstuck- und Fertigungseinrich-
tungsmerkmalen (Beispiel)

So hat beispielsweise das Merkmal Kreisdurchbruch Beziehungen zu
den fertigungstechnischen Merkmalen Werkzeugkonzept und Kraft der
Fertigungseinrichtung Stanz-Nibbelmaschine. Umgekehrt haben die
Fertigungseinrichtungsmerkmale Werkzeugkonzept und Kraft wiederum
weitere Beziehungen zu den Werkstückmerkmalen Rohmaterialabmessung
mit Blechdicke als Ausprägung und Werkstoff, zwischen dem weitere
Wechselbeziehungen zum Handhabungsprinzip bestehen.

5.1.2   **Erarbeitung der Wechselbeziehungen**

Um die vielschichtigen Wechselbeziehungen der erarbeiteten Merkmale transparent und übersichtlich darzustellen, wird die Zuordnung
der Werkstückmerkmale zu den Merkmalen der Fertigungseinrichtungen
und umgekehrt in Form einer Matrix erarbeitet. Die Blechwerkstücke
mit den verschiedenen Merkmalsklassen weisen zu den drei grundsätzlichen fertigungstechnischen Merkmalsbereichen unterschiedli-

che Wechselbeziehungen auf. Somit wird zur Darstellung der grundsätzlichen Zuordnung von Blechwerkstück und Fertigungseinrichtung zunächst eine Überblick-Zuordnungsmatrix aufgestellt. Diese zeigt in **Bild 36** die Wechselbeziehungen zwischen den Merkmalsklassen der Blechwerkstücke, wie beispielsweise Grobgeometrie, Innenkontur oder Biegeprofil, und den Merkmalsklassen der Fertigungseinrichtungen, wie beispielsweise Technologie oder Arbeitsraum für die fertigungstechnische Merkmalsbereiche ebene Bearbeitung oder Biegebearbeitung, qualitativ auf und beurteilt deren Einflußstärke auf die Abstimmung zwischen Konstruktion und Fertigung.

Die Einflußstärke drückt aus, wie direkt die Abhängigkeit zwischen den jeweiligen Merkmalen der Blechwerkstücke und der Fertigungseinrichtungen zu beschreiben ist und wie bestimmend die Verknüpfung dieser Merkmale Einfluß auf die Abstimmung zwischen Konstruktion und flexibler Blechteilefertigung ausubt.

Merkmalsbereiche und Merkmalsklassen der Blechwerkstücke		Ebene Bearbeitung			Biegebearbeitung			Materialfluß		
		Technologie	Arbeitsraum	maschinen-interne Handhabung	Technologie	Arbeitsraum	maschinen-interne Handhabung	maschinen-externe Handhabung	Transport	Lager
Geometrie	Grobgeometrie	2	3	3	2	3	3	3	3	3
	Innenkontur	3	1	2	2	-	2	1	-	1
	Außenkontur	3	1	2	-	-	1	1	-	-
	Biegeprofil	-	-	-	3	2	2	3	3	3
Material	Materialgüte	3	1	2	3	1	2	3	3	3
	Oberflache	-	-	2	3	-	2	2	2	1
Organisation	Menge	1	-	1	2	-	1	1	2	2

Legende: Einflußstarke 1: schwach 2: mittel 3: stark

Bild 36: Zuordnungsmatrix der Wechselbeziehungen - Überblick

Bei einer allgemeingültigen beziehungsweise abstrahierten Betrachtung, die sich nicht auf eine konkrete Werkstück- und Fertigungssituation mit spezifischen Ausprägungen stützt, ist eine quantitative exakte Erarbeitung der Wechselbeziehungen nicht möglich. Daher wird in der Zuordnungsmatrix von Bild 36 zur Darstellung der Wechselbeziehungen zwischen den Merkmalsklassen der Blechwerkstücke und den Merkmalsklassen der Fertigungseinrichtungen zwischen den Einflußstärken schwach, mittel und stark unterschieden.

Die Merkmale der werkstückbezogenen Merkmalsklasse Grobgeometrie haben grundsätzlichen Charakter und weisen Wechselbeziehungen mit allen Merkmalsklassen der drei fertigungstechnischen Merkmalsbereiche auf. Die Innenkonturelemente der Blechwerkstücke beeinflussen vor allem den Einsatz von Fertigungseinrichtungen für die ebene Bearbeitung hinsichtlich Technologie und maschineninterner Handhabung und in abgeschwächtem Maße fur die Biegebearbeitung. In ähnlicher Weise verhält es sich mit den Außenkonturmerkmalen, die jedoch nur schwache Wechselbeziehungen zu Fertigungseinrichtungen für die Biegebearbeitung und den Materialfluß aufweisen.

Die Merkmalsklasse Biegeprofil der Blechwerkstücke hat ursächlich starke Wechselbeziehungen zu den Merkmalsklassen der Fertigungseinrichtungen des Merkmalsbereichs Biegebearbeitung. Weiter beeinflussen die Biegeprofilmerkmale in starkem Maße den Merkmalsbereich des Materialflusses.

Als materialbezogenes Werkstückmerkmal der Merkmalsklasse Materialgüte hat der Werkstoff mit der Merkmalsklasse Technologie der fertigungstechnischen Merkmalsbereiche ebene Bearbeitung und Biegebearbeitung starke Wechselbeziehungen, da er zusammen mit der Blechdicke in starkem Maße die Bearbeitungsgrenzen vorgibt. Ebenso besteht eine starke Beziehung zu den materialflußtechnischen Merkmalsklassen. So werden durch die Magnetisierbarkeit als Merkmal der Merkmalsklasse Materialgüte in Zusammenhang mit dem fertigungstechnischen Merkmal Greiferprinzip die Handhabungsmöglichkeiten innerhalb des Materialflusses beeinflußt.

Die Berücksichtigung der Wechselbeziehungen zwischen den Oberflächenmerkmalen der Blechwerkstücke und den Merkmalen der fertigungstechnischen Merkmalsbereiche Biegebearbeitung und Materialfluß ist vor allem beim Einsatz von beschichteten oder oberflächenempfindlichen Blechwerkstücken wichtig.

Die Wechselbeziehungen der organisatorischen Werkstückmerkmale zu den Merkmalen der Fertigungseinrichtungen haben im Vergleich zu den anderen Werkstückmerkmalen eine nur untergeordnete Bedeutung.

Aufbauend auf dieser prinzipiellen Zuordnung von den Merkmalsklassen der Blechwerkstücke zu den Merkmalsklassen der drei grundsätzlichen Merkmalsbereiche der Fertigungseinrichtungen werden die Wechselbeziehungen zwischen den einzelnen Merkmalen von Blechwerkstücken und Fertigungseinrichtungen abgeleitet und in drei separaten Zuordnungsmatrizen getrennt für die Merkmalsbereiche Ebene Bearbeitung in **Bild 37**, Biegebearbeitung in **Bild 38** und Materialfluß in **Bild 39** aufgestellt.

Die erarbeiteten Wechselbeziehungen zwischen den fertigungstechnisch wirksam werdenden Merkmalen von Blechwerkstücken und den werkstückbezogen rückwirkenden Merkmalen von Fertigungseinrichtungen bieten gezielte Unterstützung bei der Berücksichtigung fertigungstechnischer Belange für die Konstruktion von Blechwerkstücken. Die Zuordnung eines Werkstückmerkmals zu einem oder mehreren Merkmalen von Fertigungseinrichtungen ermöglichen bei der Konstruktion von Blechwerkstücken unter Berücksichtigung der konkreten Merkmalsausprägungen im jeweiligen Anwendungsfall, sich über die vorgegebenen Möglichkeiten und Restriktionen der Fertigungseinrichtungen zu informieren und so konkrete Anforderungen an die Konstruktion der Blechwerkstücke mit deren Merkmalen und Ausprägungen abzuleiten. Die Umsetzung dieser Wechselbeziehungen in konstruktionsbezogene Richtlinien erfolgt bei der Entwicklung von Gestaltungsregeln für die fertigungsgerechte Konstruktion von Blechwerkstücken in Abschnitt 5.2.

Wechselbeziehung ↔ **Merkmalsklassen und Merkmale der Fertigungseinrichtungen - Ebene Bearbeitung -**

Merkmalsklassen und Merkmale der Blechwerkstücke

Spaltengruppen der Fertigungseinrichtungen: **Technologie** (Kraft, verarbeitbare Blechdicke, Werkzeugkonzept, Geschwindigkeit); **Arbeitsraum** (maximale Platinenauflagefläche, zulässige Arbeitstischbelastung, Nennarbeitsbereich); **maschineninterne Handhabung** (Handhabungsprinzip, Greiferprinzip, minimale greifbare Platinengröße, zulässige Tragfähigkeit, Handhab. geschw., Werkstückführung, Kleinteileentsorgung).

Merkmal	Kraft	verarbeitbare Blechdicke	Werkzeugkonzept	Geschwindigkeit	maximale Platinenauflagefläche	zulässige Arbeitstischbelastung	Nennarbeitsbereich	Handhabungsprinzip	Greiferprinzip	minimale greifbare Platinengröße	zulässige Tragfähigkeit	Handhab. geschw.	Werkstückführung	Kleinteileentsorgung
Geometrie — Grobgeometrie														
Rohmaterialabm.		3			3	3		2		2	3			
Hüllfläche					3	3	3	2		3	3	2		
Hüllkörper														
Innenkontur														
Durchbrüche	3	3	3	2				2						
Prägungen	3	3	3	2				2						
Senkungen	3	3	3	2				2						
Gewinde	3	3	3	2				2						
Lage Koordinaten				2			3	2				2		
Abstand v. Biegekante														
Außenkontur														
gerade Kanten			3	2										
Eckausklinkungen	3	3	3	2				2						
Eckschrägen		3	3	2										
Rundung		3	3	2										
Klinkungen	3	3	3	2				2						
Anzahl bearb. Seiten				2			3	3				2		
Lage Koordinaten				2			3	2				2		
Abstand v. Biegekante														
Biegeprofil														
Biegung n.m														
Material — Materialgüte														
Werkstoff	3			3				2						
Festigkeit	3			3				2	2					
Gewicht						3					3			
Magnetisierbarkeit									3					
Oberfläche														
Beschichtung								1	2				2	1
Struktur								1	2				2	1
Organisation — Menge														1
Stückzahl			2	1								1		1
Losgröße			2	1								1		1

Legende: Einflußstärke — 1: schwach — 2: mittel — 3: stark

Bild 37: Zuordnungsmatrix der Wechselbeziehungen - Detaillierung für den Merkmalsbereich Ebene Bearbeitung

Wechselbeziehung

Merkmalsklassen und Merkmale der Blechwerkstücke ↔ **Merkmalsklassen und Merkmale der Fertigungseinrichtungen - Biegebearbeitung -**

Merkmalsklassen der Fertigungseinrichtungen: **Technologie** · **Arbeitsraum** · **maschineninterne Handhabung**

Technologie

Merkmal	Kraft	verarbeitbare Blechdicke	Werkzeugkonzept	Niederhalterform	Zeit	zulässiger Biegewin.	zulässiger Biegerad.
Geometrie — Grobgeometrie							
Rohmaterialabm.	3	3					2
Hüllfläche							
Hüllkörper			3				
Innenkontur							
Durchbrüche							
Prägungen			3				
Senkungen							
Gewinde							
Lage Koordinaten			2				
Abstand v. Biegekante			3				
Außenkontur							
gerade Kanten							
Eckausklinkungen							
Eckschrägen							
Rundung							
Klinkungen							
Anzahl bearb. Seiten							
Lage Koordinaten			2				
Abstand v. Biegekante			2				
Biegeprofil							
Biegung n.m	3	3	3	3	3	3	3
Material — Materialgüte							
Werkstoff	3					3	3
Festigkeit	3					3	3
Gewicht							
Magnetisierbarkeit							
Oberfläche							
Beschichtung			3		1		
Struktur			3				
Organisation — Menge							
Stückzahl			3	1			
Losgröße			3	1			

Arbeitsraum

Merkmal	maximale Platinenauflagefläche	zulässige Arbeitstischbelastung	Biegeprofilbereich
Geometrie — Grobgeometrie			
Rohmaterialabm.			
Hüllfläche	3	3	
Hüllkörper			3
Innenkontur			
Durchbrüche			
Prägungen			
Senkungen			
Gewinde			
Lage Koordinaten			
Abstand v. Biegekante			
Außenkontur			
gerade Kanten			
Eckausklinkungen			
Eckschrägen			
Rundung			
Klinkungen			
Anzahl bearb. Seiten			
Lage Koordinaten			
Abstand v. Biegekante			
Biegeprofil			
Biegung n.m			3
Material — Materialgüte			
Werkstoff			
Festigkeit			
Gewicht		3	
Magnetisierbarkeit			
Oberfläche			
Beschichtung			
Struktur			
Organisation — Menge			
Stückzahl			
Losgröße			

maschineninterne Handhabung

Merkmal	Handhabungsprinzip	Greiferprinzip	minimale greifbare Platinengröße	zulässige Tragfähigkeit	Handhab. geschw.	Werkstückführung
Geometrie — Grobgeometrie						
Rohmaterialabm.				3		
Hüllfläche	2		3	3	2	
Hüllkörper	2					
Innenkontur						
Durchbrüche	2					
Prägungen	2					
Senkungen	2					
Gewinde	2					
Lage Koordinaten	2					
Abstand v. Biegekante						
Außenkontur						
gerade Kanten						
Eckausklinkungen	1					
Eckschrägen	1					
Rundung	1					
Klinkungen	1					
Anzahl bearb. Seiten	1					
Lage Koordinaten						
Abstand v. Biegekante						
Biegeprofil						
Biegung n.m	2			3		
Material — Materialgüte						
Werkstoff	3					
Festigkeit			2			
Gewicht				3	2	
Magnetisierbarkeit		3				
Oberfläche						
Beschichtung	2	2				2
Struktur	2	2				2
Organisation — Menge						
Stückzahl					1	
Losgröße					1	

Legende: Einflußstärke   1: schwach   2: mittel   3: stark

Bild 38: Zuordnungsmatrix der Wechselbeziehungen - Detaillierung für den Merkmalsbereich Biegebearbeitung

Wechselbeziehung

Merkmalsklassen und Merkmale der Fertigungseinrichtungen - Materialfluß -

Merkmalsklassen und Merkmale der Blechwerkstücke

Merkmalsklasse / Merkmal	maschinenexterne Handhabung						Transport					Lager		
	zulässiger Werkstückaufnahmebereich	Greiferprinzip	zulässige Tragfähigkeit	Greifelement	Positioniermöglichkeit	Blechvereinzelungsprinzip	zulässiger Werkstückaufnahmebereich	zulässige Tragfähigkeit	Begrenzungsprinzip	Material der Aufnahmefläche	Geometrie der Aufnahmefläche	Lagerfachabmessung	zulässige Tragfähigkeit	Lagermittel
Geometrie														
Grobgeometrie														
Rohmaterialabm.	3		3			2	2	3	2		2	3	3	3
Hüllfläche	3		3		2	2	2	3	2		2	3	3	3
Hüllkörper	3						2		3		1	3		3
Innenkontur														
Durchbrüche		1		1							1			
Prägungen		1		1							1			
Senkungen		1		1							1			
Gewinde		1		1							1			
Lage Koordinaten		1		1	1						1			
Abstand v. Biegekante														
Außenkontur														
gerade Kanten														
Eckausklinkungen		1		1										
Eckschrägen		1		1										
Rundung		1		1										
Klinkungen		1		1										
Anzahl bearb. Seiten		1		1										
Lage Koordinaten		1		1	1									
Abstand v. Biegekante														
Biegeprofil														
Biegung n.m	3	2		2	2		3		3		3	3		3
Material														
Materialgüte														
Werkstoff		3		3		3								
Festigkeit				2							3			2
Gewicht		3	3	3				3				3	3	2
Magnetisierbarkeit		3												
Oberfläche														
Beschichtung		2		2		2				3				
Struktur		2		2		2				3				
Organisation														
Menge														
Stückzahl						1			2			2		1
Losgröße						1			2			2		1

Legende: Einflußstärke   1: schwach   2: mittel   3: stark

Bild 39: Zuordnungsmatrix der Wechselbeziehungen - Detaillierung für den Merkmalsbereich Materialfluß

Für die Aufgabe der Bewertung der Fertigungsgerechtheit von Blechwerkstücken werden aus den Wechselbeziehungen zwischen den Merkmalen des weiteren Aussagen zur Fertigungsgerechtheit abgeleitet. So erfolgt mit der Erarbeitung von Kriterien zur Bewertung der Fertigungsgerechtheit von Blechwerkstücken in Kapitel 6 die Konkretisierung und quantitative Darstellung der wichtigsten und einflußstärksten Wechselbeziehungen zwischen einzelnen Merkmalen und Merkmalskombinationen in Form von Bewertungskriterien.

5.2 Entwicklung von Gestaltungsregeln für die fertigungsgerechte Konstruktion von Blechwerkstücken

Für eine Umsetzung der fertigungsgerechten Konstruktion von Blechwerkstücken werden nachfolgend Gestaltungsregeln erarbeitet, welche sich aus den Wechselbeziehungen zwischen den Merkmalen von Blechwerkstücken und Fertigungseinrichtungen ableiten lassen. Zusammen mit den Wechselbeziehungen dienen die Gestaltungsregeln als Regelbasis zur Verbesserung der Fertigungsgerechtheit in Kapitel 7, um im Rahmen der Abstimmung zwischen Konstruktion und Fertigung gezielt Einfluß auf die Fertigungsgerechtheit zu nehmen.

Die bei der Konstruktion von Blechwerkstücken zu beachtenden fertigungstechnischen Gesetzmäßigkeiten sollen durch die zu entwickelnden Gestaltungsregeln zur fertigungsgerechten Konstruktion von Blechwerkstücken dokumentiert werden. Die Gestaltungsregeln, die damit das notwendige fertigungstechnische Wissen bereitstellen, sollen eine zielgerichtete, benutzerorientierte, einfache und schnelle Anwendung ermöglichen. Ebenso ist an die Gestaltungsregeln als Anforderung die Berücksichtigung unterschiedlicher Einflüsse im Fertigungsablauf und betriebsspezifischer Randbedingungen zu stellen, wobei die Konzentration auf die wesentlichen werkstück- und fertigungsbezogenen Aspekte gewährleistet sein muß. Neben der Forderung nach einer prinzipiellen Allgemeingültigkeit dieser Gestaltungsregeln müssen diese auf die jeweilige Werkstück- und Fertigungssituation mit den vorhandenen Fertigungseinrichtungen um spezifische Regeln erweiterbar und detaillierbar sein. Auch sollen die Strukturierung und Zusammenstellung der Gestaltungsregeln eine Integration in rechnergestützte Systeme unterstützen.

5.2.1   Strukturierung der Gestaltungsregeln

Um die Handhabbarkeit und einen schnellen und leichten Zugriff auf die zu erarbeitenden Gestaltungsregeln zu gewährleisten, ist ein entsprechender Aufbau mit einer übersichtlichen und anwendungsorientierten Strukturierung notwendig. Deshalb werden die im folgenden zu entwickelnden und zusammenzustellenden Gestaltungsregeln so strukturiert, daß Hilfestellungen zur fertigungsgerechten Konstruktion für jeden der beschriebenen fertigungstechnischen Merkmalsbereiche ebene Bearbeitung, Biegebearbeitung und Materialfluß zur Verfügung stehen. Die einzelnen Gestaltungsregeln als Maßnahmen zur Verbesserung der Fertigungsgerechtheit hinsichtlich der verschiedenen fertigungstechnischen Bereiche sind dann noch bezüglich inhaltlicher Schwerpunkte in Anlehnung an die entwickelte Strukturierung der fertigungstechnischen Merkmalsklassen entsprechend **Bild 40** untergliedert.

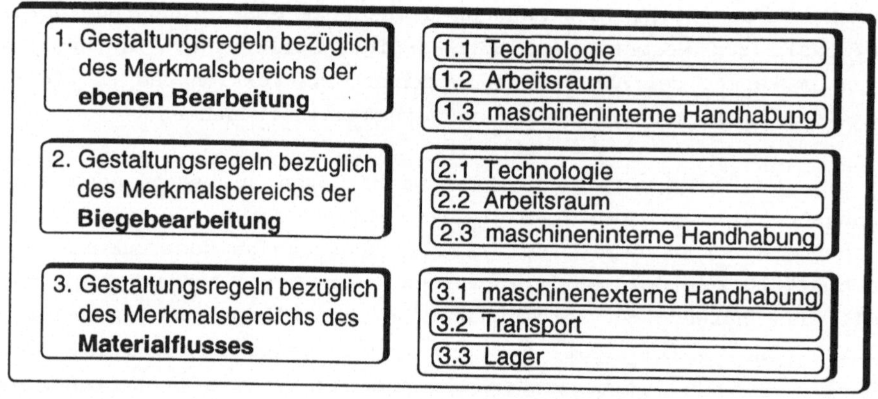

Bild 40:   Strukturierung der Gestaltungsregeln

Dadurch wird ein schneller und zielgerichteter Zugriff auf die gewünschten Gestaltungsregeln gewährleistet. Weiter ermöglicht dieser systematische Aufbau eine eventuell spätere Umsetzung in ein rechnergestütztes System. Eine sinnvolle Begrenzung des Umfanges der Gestaltungsregeln ergibt sich durch die Beschränkung auf die wichtigsten Regeln. Die Regeln werden unterteilt in A-, B- und C-Regeln, womit deren Wichtigkeit in bezug auf die Abstimmung zwischen Konstruktion und Fertigung entsprechend der Einflußstärke der Wechselbeziehungen von Abschnitt 5.1.2 beurteilt wird. Gestaltungsregeln, die sich auf spezifische Ausprägungen bestimmter oder spezieller Fertigungseinrichtungen beziehen, sollen im Rahmen dieser Arbeit nicht berücksichtigt werden; sie können aber bedarfsweise eingefügt werden. Damit ist sowohl die Allgemeingültigkeit als auch die Erweiterbarkeit und Ergänzung um Details bei der Zusammenstellung der Gestaltungsregeln gewährleistet.

Somit ist es nicht Anspruch dieser Ausführungen, grundlegende Beiträge zur Konstruktionsmethodik, die sich nach VDI 2222 Blatt 1 /97/ in die Schritte Planen, Konzipieren, Entwerfen und Ausarbeiten gliedern läßt, zu leisten. Absicht ist es vielmehr, diejenigen Regeln zu formulieren, die zur Erfüllung der Zielsetzung der Arbeit aus der Sicht der Abstimmung zwischen Konstruktion und Fertigung in der flexiblen Blechteilefertigung am wirksamsten durch konstruktive Maßnahmen gelöst werden können.

5.2.2   Zusammenstellung der Gestaltungsregeln

In der Zusammenstellung von **Bild 41** sind die entwickelten Gestaltungsregeln für die fertigungsgerechte Konstruktion von Blechwerkstücken in der flexiblen Blechteilefertigung für die ebene Bearbeitung aufgeführt. Hier sind die Gestaltungsregeln so detailliert ausgearbeitet, daß sie dem Konstrukteur konkrete Gestaltungshinweise vermitteln. Gestaltungsregeln für die fertigungstechnischen Bereiche Biegebearbeitung und Materialfluß sind in **Bild 42 und 43** zusammengestellt. Als Ergänzung zu den aufgeführten Gestaltungsregeln wurde als Anhang ein Katalog von anwendungsspezifischen Regeln erarbeitet. Dort sind die Regeln weiter vertieft. Da dieser Regelkatalog in der Praxis stets auch sehr maschinen- und firmenspezifische Kennwerte enthalten wird, muß der vollständige Regelkatalog einer gesonderten Ausarbeitung vorbehalten bleiben /98/, der über die in der vorliegenden Arbeit gebotene Neutralität bezüglich Herstellerangaben hinausgeht.
Die Beschreibung des Vorgehens zur gezielten Anwendung der erarbeiteten Gestaltungsregeln erfolgt in Kapitel 7 bei der Entwicklung des Verfahrens zur Verbesserung der Fertigungsgerechtheit von Blechwerkstücken.

1. Ebene Bearbeitung			
Struktu-rlerung	**lfd. Nr.**	**Gestaltungsregel**	**Wlch-tlch-kelt**
1.1 **Techno-logle**	1.1.1	Innenkonturelemente hinsichtlich Form und Größe standardisieren beziehungsweise standardisierte Konturelemente bevorzugen	A
	1.1.2	Anzahl unterschiedlicher Konturelemente kleiner gleich der maximalen Werkzeuganzahl im Werkzeugmagazin auslegen (Werkzeug-Kapazität nicht überschreiten)	A
	1.1.3	Maximale und minimale Größe eines Konturelementes in Abhängigkeit von Blechdicke und Festigkeit auf die zur Verfügung stehende Maschinenkraft und die Werkzeugstabilität abstimmen	A
	1.1.4	Maximale Größe eines Konturelementes auf maximalen Stanzdurchmesser der Werkzeugaufnahme abstimmen	B
	1.1.5	Sonderkonturelemente vermeiden	B
	1.1.6	Mindestabstand der Konturelemente von einer Biegekante einhalten (X_{IB} bzw. $X_{AB} \geq R_B + 2s$)	B
	1.1.7	Bei Anordnung von Innenkonturelementen die Möglichkeiten drehbarer Werkzeuge ausnutzen	B
	1.1.8	Innenkonturelemente so gestalten, daß sie mit Standardwerkzeugen in einem Hub hergestellt werden können, um nicht nibbeln zu müssen (Einhaltung der Konturgenauigkeit)	A
	1.1.9	Minimale Rand- und Stegbreiten einhalten ($\geq 1,5$ s; VDI 3367)	B
	1.1.10	Schneidgrat durch gut bearbeitbare Werkstoffe vermeiden	C
	1.1.11	Außenkontur verschnittoptimiert (schachtelgerecht) gestalten	B
	1.1.12	Fertigungsbezogene Bemaßung durchführen	C
	1.1.13	Einheitliche Rundungen an Außenkonturen anstreben	B
1.2 **Arbeits-raum**	1.2.1	Rohmaterialabmessungen kleiner oder gleich der maximalen Platinenauflagefläche auswählen	B
	1.2.2	Hüllfläche kleiner oder gleich der maximalen Platinenauflagefläche der kostengunstigsten Fertigungseinrichtung auswählen	B
	1.2.3	Lage der Innen- und Außenkonturelemente unter Berücksichtigung des Nennarbeitsbereichs festlegen	A
	1 2.4	Mit Werkstuckgewicht maximale Arbeitstischbelastung nicht überschreiten	C
	1.2.5	Toleranzen auf Nennarbeitsbereich abstimmen	B
1.3 **Maschinen-Interne Hand-habung**	1.3.1	Rohmaterialabmessung größer oder gleich der minimalen greifbaren Platinengröße auswählen	B
	1.3.2	Größe und Lage der Innenkonturelemente auf die Handhabungseinrichtung abstimmen	B
	1.3.3	Außenkonturelemente bei nicht ruckschwenkbaren Spannpratzen unter Berücksichtigung der Pratzengröße und -abstände anordnen und auslegen	C
	1.3.4	Mit maximaler Hüllfläche von Kleinteilen die Größe der automatischen Entsorgungseinrichtungen nicht überschreiten	C
	1.3.5	Minimale und maximale Hüllfläche in Abhängigkeit von Werkstoff und Orientierung auf der Ausgangstafel auf die Abstapeleinrichtung abstimmen	C
	1.3.6	Werkstückgewicht entsprechend maximaler Tragfähigkeit auslegen	C
	1.3.7	Toleranzen in Abhängigkeit von der Positioniergenauigkeit wählen	B
	1.3.8	Blechwerkstück - vor allem Außenkontur - zentrierfähig gestalten	C
	1.3.9	Oberflächenempfindlichkeit hinsichtlich der Werkstückführung auslegen	C
Legende: Wichtigkeit A: hoch B: mittel C: gering			

Bild 41: Katalog für Gestaltungsregeln für die fertigungsgerechte Konstruktion von Blechwerkstücken hinsichtlich der ebenen Bearbeitung

<table>
<tr><th colspan="4">2. Biegebearbeitung</th></tr>
<tr><th>Struktu-
rierung</th><th>lfd.
Nr.</th><th>Gestaltungsregel</th><th>Wich-
tich-
keit</th></tr>
<tr><td rowspan="22">2.1

Techno-
logie</td><td>2.1.1</td><td>Blechdicke reduzieren und auf die maximale Biegekraft abstimmen</td><td>B</td></tr>
<tr><td>2.1.2</td><td>Biegeprofile hinsichtlich Biegelänge, Schenkelhöhe, Biegewinkel und Biegeradius standardisieren, um häufige Werkzeugwechsel zu vermeiden</td><td>A</td></tr>
<tr><td>2.1.3</td><td>Parallele Biegekanten bevorzugen</td><td>C</td></tr>
<tr><td>2.1.4</td><td>Schräg verlaufende Biegeschenkel bis zu deren Mindestlängen führen oder nachträglich ausschneiden</td><td>B</td></tr>
<tr><td>2.1.5</td><td>Lage der Biegekanten in Abhängigkeit von der Walzrichtung festlegen</td><td>C</td></tr>
<tr><td>2.1.6</td><td>Biegekanten möglichst senkrecht zu Begrenzungskanten anordnen (um die Gefahr des Einreißens beim Biegen zu verhindern)</td><td>B</td></tr>
<tr><td>2.1.7</td><td>Unterbrochene Biegekanten vermeiden beziehungsweise an das Werkzeugkonzept anpassen</td><td>B</td></tr>
<tr><td>2.1.8</td><td>Rißgefahr beim Biegen durch Freischneiden der Biegeachse vermeiden</td><td>B</td></tr>
<tr><td>2.1.9</td><td>Minimale Schenkelhöhe einhalten
(Schwenkbiegen: $H_{s\,min} \geq 4 * R_B$, Gesenkbiegen: $H_{s\,min} \geq 3 * s$)</td><td>B</td></tr>
<tr><td>2.1.10</td><td>Minimale Biegeradien in Abhängigkeit von Blechdicke, Festigkeit und Werkzeugkonzept einhalten ($R_B \geq 1,0 * s$ bei $R_m = 500$ N/mm^2, $R_B \geq 1,5 * s$ bei $R_m = 700$ N/mm^2, $R_B \geq 3,0 * s$ bei $R_m = 1200$ N/mm^2)</td><td>A</td></tr>
<tr><td>2.1.11</td><td>Biegeradien unter Berücksichtigung der Oberflächenempfindlichkeit und der Relativbewegung im Werkzeugsystem gestalten</td><td>C</td></tr>
<tr><td>2.1.12</td><td>Starke Rückfederung infolge zu großen R_B / s-Verhältnisses vermeiden</td><td>B</td></tr>
<tr><td>2.1.13</td><td>Biegeradius und Biegelange in Abhängigkeit von Blechdicke und Festigkeit auf die Kraft der Biegemaschine und der Werkzeugstabilitat abstimmen</td><td>B</td></tr>
<tr><td>2.1.14</td><td>180°- Umbuge unter Berucksichtigung der maximalen Biege- und Niederhalterkraft gestalten</td><td>A</td></tr>
<tr><td>2.1.15</td><td>Maximale Tiefe von verdeckten Biegekanten und maximale Schenkel-höhe für Biegungen nach innen sowohl an den Langs- als auch an den Schmalseiten auf die Niederhalterform und -größe abstimmen</td><td>A</td></tr>
<tr><td>2.1.16</td><td>Kleinstmaß für die freie Öffnung eines allseits eingekanteten Kastens auf die Niederhalterform und -größe abstimmen</td><td>A</td></tr>
<tr><td>2.1.17</td><td>Prägungen aus dem Bereich von Biegekanten in Abhangigkeit der Größe und Form des Niederhalters hinausverlegen</td><td>B</td></tr>
<tr><td>2.1.18</td><td>Mindestabstand von Biegekanten der Grundfläche in Abhängigkeit von Niederhalterform, -größe und -segmentierung einhalten</td><td>B</td></tr>
<tr><td>2.1.19</td><td>Fertigungsgerechte Toleranzen wählen; Toleranzen beim Schwenk-biegen von der Werkstückkante und beim Gesenkbiegen vom Biege-grund aus wählen</td><td>C</td></tr>
<tr><td>2.1.20</td><td>Fertigungsbezogene Bemaßung durchführen</td><td>C</td></tr>
<tr><td>2.1.21</td><td>NC-geeignete Biegeprofil-Makros unterstützen</td><td>C</td></tr>
</table>

Legende: Wichtigkeit A: hoch B: mittel C: gering

Bild 42: Katalog für Gestaltungsregeln für die fertigungsge-rechte Konstruktion von Blechwerkstücken hinsichtlich der Biegebearbeitung (Teil 1)

2. Biegebearbeitung			
Struktu-rierung	lfd. Nr.	Gestaltungsregel	Wich-tig-keit
2.2 **Arbeits-raum**	2.2.1	Hüllfläche kleiner oder gleich der maximalen Platinenauflagefläche der kostengünstigsten Fertigungseinrichtung auslegen	B
	2.2.2	Mit Werkstückgewicht maximale Arbeitstischbelastung nicht überschreiten	C
	2.2.3	Toleranzen auf Nennarbeitsbereich abstimmen	B
	2.2.4	Maximale Schenkelhöhe und Biegekantenreihenfolge an Biegeprofil-bereich anpassen	A
	2.2.5	Hüllkörper an Biegeprofilbereich anpassen	A
2.3 **Maschinen-interne Hand-habung**	2.3.1	Hüllfläche größer oder gleich der minimal greifbaren Platinengröße auswählen	B
	2.3.2	Werkstückgewicht entsprechend maximaler Tragfähigkeit auslegen	C
	2.3.3	Mindestabstand zwischen Biegekanten der Grundfläche in Ab-hängigkeit vom Handhabungsmanipulator einhalten	A
	2.3.4	Kleinstmaß für die freie Öffnung eines allseits eingekanteten Kas-tens auf die Größe des Handhabungsmanipulators abstimmen	A
	2.3.5	Biegekanten (insbesondere nach unten gerichtete) so gestalten, daß eine automatische Entsorgung möglich wird	A
	2.3.6	Größe und Lage der Innenkonturelemente auf die Handhabungs-einrichtung abstimmen	B
	2.3.7	Oberflächenempfindlichkeit hinsichtlich der Werkstückführung auslegen	C
	2.3.8	Oberflächenempfindlichkeit auf das Handhabungsprinzip abstimmen	C
	2.3.9	Toleranzen in Abhängigkeit von der Positioniergenauigkeit wählen	B
	2.3.10	Blechwerkstück - vor allem Außenkanten - zentrierfähig gestalten, wie zum Beispiel Anschlagkanten am Blechwerkstück vorsehen	C
Legende: Wichtigkeit A: hoch B: mittel C: gering			

Bild 42:   Katalog für Gestaltungsregeln für die fertigungsge-rechte Konstruktion von Blechwerkstücken hinsichtlich der Biegebearbeitung (Teil 2)

Die Strukturierung der Gestaltungsregeln unterstützt eine offene Struktur der Zusammenstellung und ermöglicht somit auch eine Erweiterung oder Anpassung an firmen-, branchen- oder normenspezi-fische Gegebenheiten. Der formalisierte Aufbau und die systemati-sche Strukturierung ermöglichen das Anlegen von Rechnerdateien für diese Regeln. Diese Dateien lassen sich somit auch in CAD-Systeme integrieren, so daß auch der zukünftigen Entwicklung im Konstruk-tionsbereich für die flexible Blechteilefertigung Rechnung getra-gen wird.

3. Materialfluß

Struktu-rierung	lfd. Nr.	Gestaltungsregel	Wich-tig-keit
3.1 **Maschinen-externe Hand-habung**	3.1.1	Werkstückgewicht den Handhabungseinrichtungen anpassen	B
	3.1.2	Blechwerkstück hinsichtlich Ordnungsfähigkeit vollständig symmetrisch oder eindeutig unsymmetrisch gestalten	C
	3.1.3	Günstige Schwerpunktlage in bezug auf die Greifstellen auslegen	C
	3.1.4	Greifstellen vorsehen und hinsichtlich der Greifer standardisieren	B
	3.1.5	Innen- und Außenkonturelemente unter Berücksichtigung der Greifelemente auslegen	B
	3.1.6	Blechwerkstück in Bezug auf Abmessungen von Hüllfläche und Hüllkörper sowie Gewicht unter Berucksichtigung ergonomischer Gesichtspunkte bei manueller Handhabung auslegen	B
	3.1.7	Werkstoff unter Beachtung des Greiferprinzips auswählen	B
3.2 **Transport**	3.2.1	Lagestabilität von gestapelten Werkstücken unterstützen: Werkstück ausreichend stabil gestalten, ausreichend große und ebene Auflageflächen vorsehen (siehe auch Regel 3.3.1)	A
	3.2.2	Verwendung von Standardpaletten unterstützen	B
	3.2.3	Blechwerkstück unter Berücksichtigung von Transportmittelkapazität hinsichtlich Volumen und Gewicht auslegen	C
	3.2.4	Ineinanderverschieben und Verhaken verhindern	C
	3.2.5	Werkstoff und Oberflächenempfindlichkeit unter Beachtung des Materials der Auflagefläche auswählen	C
	3.2.6	Langen- und Breitenmaße der Hullflache standardisieren und unter Berucksichtigung der minimalen und maximalen Abmessungen des Werkstuckaufnahmebereiches auslegen	C
	3.2.7	Längen-, Breiten- und Hohenmaße hinsichtlich des Hüllkörpers standardisieren	C
	3.2.8	Mindestblechdicke von 1mm beim direkten Transport über Rollenbahnen nicht unterschreiten	B
3.3 **Lager**	3.3.1	Biegeprofilform hinsichtlich Stapelbarkeit gestalten (einheitliche Schenkelhöhen verwenden, schrage Biegekanten vermeiden, Prägungen symmetrisch anordnen beziehungsweise an Auflageflachen vermeiden)	A
	3.3.2	Lagerkapazitat hinsichtlich Volumen und Gewicht beachten	C
	3.3.3	Ineinanderverschieben und Verhaken verhindern	C
	3.3.4	Verwendung von Standardpaletten unterstützen	B
	3.3.5	Raumausnutzung beim Stapeln maximieren durch Änderung des Biegeprofils hinsichtlich Verbesserung der Stapeleigenschaften beziehungsweise des ineinander - Stapelns	B

Legende: Wichtigkeit A: hoch B: mittel C: gering

Bild 43: Katalog fur Gestaltungsregeln fur die fertigungsgerechte Konstruktion von Blechwerkstucken hinsichtlich der Materialflusses

Entsprechend der Systematik und dem Aufbau des Verfahrens zur Bewertung und Verbesserung der Fertigungsgerechtheit von Blechwerkstücken besteht die nächste Aufgabe nach der Erarbeitung der Merkmals- und Regelbasis in der Bewertung der Fertigungsgerechtheit. Hierzu werden bei der Beschreibung der Bewertungsmethode in Abschnitt 6.1 zunächst die Anforderungen und das Prinzip der Bewertung erarbeitet. Darauf aufbauend erfolgt in Abschnitt 6.2 die Erarbeitung der Kriterien mit der Ableitung von Algorithmen zur Quantifizierung und der Bildung von Kennwerten bezüglich der Fertigungsgerechtheit von Blechwerkstücken. Die Kennwerte der einzelnen Bewertungskriterien werden dann sukzessiv zu einer Gesamtbewertung der Fertigungsgerechtheit einzelner Blechwerkstücke miteinander verknüpft.

6.1   Beschreibung der Bewertungsmethode

Jede Bewertungssituation erfordert eine geeignete Bewertungsmethode. Die hier vorliegende Situation der Bewertung der Fertigungsgerechtheit von Blechwerkstücken im Hinblick auf eine optimale technisch/wirtschaftliche Abstimmung zwischen Konstruktion und Fertigung in der flexiblen Blechteilefertigung ist durch vielfältige Verknüpfungen und Abhängigkeiten zwischen den Merkmalen der Blechwerkstücke und der Fertigungseinrichtungen gekennzeichnet, die bei der Entwicklung der Wechselbeziehungen in Kapitel 5 dargestellt wurden.

Die zu erzielenden Ergebnisse durch die Bewertung sind aussagefähige Kennwerte bezüglich der Fertigungsgerechtheit der Blechwerkstücke. Sie bilden die Grundlage für die Ableitung von Maßnahmen zur Verbesserung der Fertigungsgerechtheit von Blechwerkstücken.

6.1.1 Anforderungen an die Bewertungsmethode

Die Bewertungsmethode mit den untersuchten Kriterien soll im Sinne der Übertragbarkeit und Vergleichbarkeit zwischen verschiedenen Blechwerkstücken allgemeingültig und nicht nur für spezielle Blechwerkstücke oder Fertigungseinrichtungen aussagekräftig sein. Sie soll sich auf möglichst quantifizierbare, d.h. algorithmisch auswertbare Merkmale und Kriterien beziehen, um eine Objektivität und Reproduzierbarkeit der ermittelten Kennwerte zu gewährleisten.

Bei dem Bewertungsverfahren muß sinnvollerweise vom derzeitigen Stand der Technik der in der industriellen Praxis eingesetzten Fertigungseinrichtungen ausgegangen werden. Die Bewertungsmethode ist jedoch so zu gestalten, daß sie zukunftigen Entwicklungen der Bearbeitungs- und Materialflußtechnik fur die flexible Blechteilefertigung angepaßt werden kann. Dies erfordert eine leichte Anpaßbarkeit und Erweiterbarkeit bezüglich weiterer Kriterien hinsichtlich des Einsatzes weiterer und neuer Fertigungseinrichtungen und den damit verbundenen fertigungstechnischen Möglichkeiten.

Fur die Bewertung der Fertigungsgerechtheit ist eine einheitliche Bewertungsmethode anzuwenden. Hierbei sind einerseits in einer Gesamtbewertung alle die Fertigungsgerechtheit beeinflussenden Faktoren zu berücksichtigen. Andererseits ist die Bewertungsmethode so zu konzipieren, daß auch einzelne fertigungstechnische Teilaspekte - wie beispielsweise nur die Handhabbarkeit - jeweils für sich allein betrachtet werden können. Die Forderung nach einer geringen Anzahl einfach zu erfassender Bewertungskriterien steht derjenigen nach Berucksichtigung aller relevanter Einflußfaktoren der Fertigungseinrichtungen bei der Bewertung der Fertigungsgerechtheit gegenüber. Daher muß es moglich sein, entsprechend der jeweiligen Bewertungssituation gezielt nur bestimmte, interessierende Bewertungskriterien heranzuziehen.

Die Kriterien zur Bewertung der Fertigungsgerechtheit sind theoretisch zu durchdringen, so weit wie moglich zu konkretisieren und in anwenderorientierte Algorithmen umzusetzen. Dadurch soll eine einfache und schnelle Anwendung erzielt werden. Durch eine Formalisierung der Bewertung soll eine Rechnerunterstutzung bei der Bewertung ermöglicht werden. Die zu ermittelnden Aussagen zur Fertigungsgerechtheit sind in Form von eindeutigen, aussagekräftigen und vergleichbaren Kennwerten darzustellen.

6.1.2 Prinzip der 2-stufigen Bewertung

Im Rahmen dieser Arbeit wird unter Berücksichtigung der Anforderungen an die Bewertung der Fertigungsrechtheit eine Bewertungsmethode entwickelt, die auf einer punktzahlmäßigen Bewertung der Wechselbeziehungen zwischen relevanten Merkmalen von Blechwerkstück und Fertigungseinrichtung und deren Ausprägungen anhand der zu erarbeitenden Bewertungskriterien beruht. Sie ähnelt hinsichtlich des theoretischen Ansatzes der Nutzwertanalyse, sie beruht im Gegensatz zum Ähnlichkeitsprinzip aber nicht auf der Verwendung eines werkstück- oder fertigungsbeschreibenden Klassifizierungsschlüssels. Diese Methode basiert statt dessen gezielt auf Daten eines Spektrums, die zu Blechwerkstucken und Fertigungseinrichtungen in Konstruktion, Arbeitsvorbereitung, Fabrikplanung und Fertigung anfallen.

Die Bewertung der Fertigungsgerechtheit von Blechwerkstücken erfolgt entsprechend **Bild 44** in zwei Stufen.

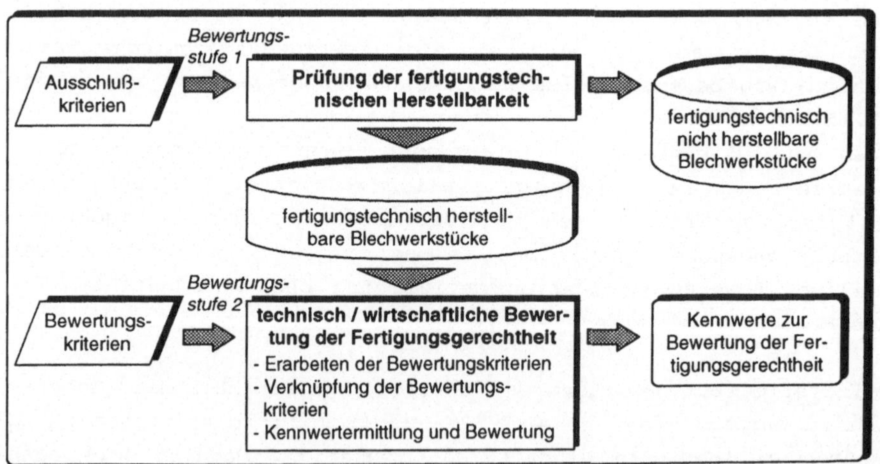

Bild 44: 2-stufige Bewertung der Fertigungsgerechtheit von Blechwerkstucken

In der ersten Stufe werden die Blechwerkstücke hinsichtlich ihrer grundsätzlichen fertigungstechnischen Herstellbarkeit geprüft. Hierzu erfolgt die Bewertung anhand von Ausschlußkriterien, um eine Aussage zu erhalten, ob die erforderlichen Fertigungsaufgaben grundsätzlich durchgeführt werden können.

In der zweiten Stufe erfolgt die technisch/wirtschaftliche Bewertung der Fertigungsgerechtheit anhand von Bewertungskriterien, die den fertigungstechnischen Aufwand werten. Hierzu werden diese Bewertungskriterien derart gestaltet, daß der durch die Fertigungsgerechtheit beeinflußte fertigungstechnische Aufwand auf die Ausprägungen und Wechselbeziehungen der verschiedenen Merkmale von Blechwerkstück und Fertigungseinrichtung zurückgeführt werden kann.

6.2 Erarbeitung der Kriterien zur Bewertung der Fertigungsgerechtheit von Blechwerkstucken

6.2.1 Vorgehen bei der Erarbeitung der Kriterien

Ausgehend von den in Kapitel 5 erarbeiteten Wechselbeziehungen zwischen den Merkmalen mit deren Auspragungen werden die Bewertungskriterien abgeleitet. So lassen sich jedem Bewertungskriterium die relevanten, das Kriterium beeinflussenden Merkmale zuordnen. Darauf aufbauend werden im weiteren Kennwerte gebildet, die Aussagen über die Fertigungsgerechtheit ermöglichen. Die hierzu notwendige und geforderte Quantifizierung der Bewertungskriterien erfolgt durch Bildung von Algorithmen und Funktionen, die die Merkmale oder Merkmalskombinationen der Blechwerkstucke und Fertigungseinrichtungen als Parameter miteinander verknüpfen.
Da die arithmetische Verknüpfung der Merkmale von Blechwerkstück und Fertigungseinrichtung den Zusammenhang von Werkstückanforderung und Möglichkeiten sowie Restriktionen der Fertigung und damit den fertigungstechnischen Aufwand beschreibt, ermoglichen die ermittelten Kennwerte eine quantifizierte Aussage zur Fertigungsgerechtheit. Zur Gewahrleistung der Vergleichbarkeit der verschiedenen Bewertungsergebnisse fur die einzelnen Bewertungskriterien und zur Ermittlung einer Gesamtbewertung ist eine Normierung der

Kennwerte notwendig. In Anlehnung an verschiedene, bereits existierende Bewertungsverfahren für andere Fachgebiete /77,99,100/ soll dazu eine normierte Bewertungszahl definiert werden, die im folgenden als Kennwert der Fertigungsgerechtheit KFG bezeichnet wird. Der Wertevorrat der einzusetzenden Kennwertskala ist prinzipiell willkürlich wählbar /101/. Aus Gründen der Anschaulichkeit und in Analogie zum Wirkungsgraddenken wird in dieser Arbeit für den Wertevorrat eine Kennwertskala mit dem Intervall von 0 bis 1 verwendet. Die Definition des Kennwertes KFG erfolgt nach **Bild 45**. Ausgehend von den Merkmalsausprägungen von Blechwerkstück und Fertigungseinrichtung ergibt sich ein Kennwert KFG mit den Werten von 0 bis 1. Dieser wird der entsprechenden Aussage zur Fertigungsgerechtheit zugeordnet. Dabei kennzeichnet der Kennwert KFG = 0 eine nicht gegebene Fertigungsgerechtheit und der Kennwert KFG = 1 sowie Kennwerte nahe bei 1 eine optimale Fertigungsgerechtheit. Dazwischen liegt der Bereich der eingeschränkten Fertigungsgerechtheit, der mit einem Übergangs-/Unscharfebereich direkt an den Bereich der optimalen Fertigungsgerechtheit anschließt.

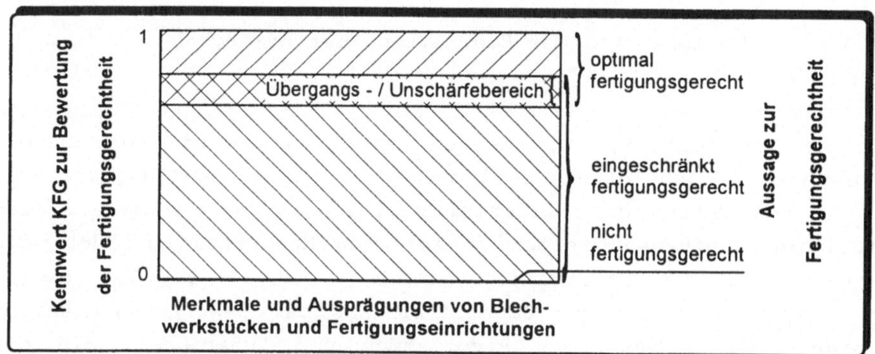

Bild 45:   Definition des Kennwertes KFG zur Bewertung der Fertigungsgerechtheit

Die Ausschlußkriterien zur Prüfung der fertigungstechnischen Herstellbarkeit für die Stufe 1 der Bewertung ermöglichen eine "scharfe" Aussage zur Fertigungsgerechtheit: entweder fertigungsgerecht oder nicht fertigungsgerecht. Sie weisen ein sogenanntes digitales Verhalten auf, das durch eine Sprungfunktion beschrieben werden kann. Diese Ja-Nein-Aussage wird nach der Theorie der unscharfen Mengen /106/ als "scharfe" Menge verstanden, für die nur zugehörige und nicht zugehörige Elemente existieren. Demgegenüber faßt die unscharfe Menge einzelne Elemente mit unterschiedlichen Zugehörigkeiten zusammen. Der Zugehörigkeitswert 0 repräsentiert dabei die Nichtzugehörigkeit eines Elementes, während der Zugehörigkeitswert 1 dagegen die volle Zugehörigkeit eines Elementes zur betrachtenden Menge kennzeichnet. Für Zugehörigkeitswerte im Intervall zwischen 0 und 1, die nahe bei 1 liegen, wird die Zugehörigkeit zur betrachtenden Menge größer bewertet als für Zugehörigkeitswerte nahe 0.

Übertragen auf die Aufgabe der Bewertung der Fertigungsgerechtheit von Blechwerkstücken wird entsprechend Bild 45 die "unscharfe" Menge durch optimal und eingeschränkt fertigungsgerecht gestaltete Blechwerkstücke dargestellt. Der Zugehörigkeitswert wird hierbei durch den Kennwert zur Bewertung der Fertigungsgerechtheit für die Bewertungskriterien der zweiten Bewertungsstufe beschrieben. Mit den Bewertungskriterien der zweiten Bewertungsstufe zur technisch/wirtschaftlichen Bewertung der Fertigungsgerechtheit kann somit nicht nur mit logisch 0 - nicht fertigungsgerecht - oder 1 - fertigungsgerecht - bewertet werden, sondern in Anlehnung an die Theorie der unscharfen Mengen /107, 108/, "weich" in Form einer "unscharfen" Aussage mit einem Kennwert, der in normierter Weise zwischen 0 und 1 liegt und damit auch den Bereich der eingeschränkten Fertigungsgerechtheit berücksichtigt. Somit ist ein Blechwerkstück mit einem Kennwert der Fertigungsgerechtheit von beispielsweise 0,8 noch relativ gut in bezug auf die Fertigungsgerechtheit zu bewerten. Diese Unschärfe kommt in Bild 45 zum Ausdruck, indem der Übergang von "optimal fertigungsgerecht" zu "eingeschränkt fertigungsgerecht" nicht eindeutig, sondern unscharf zu interpretieren ist.

Die Kennwerte der einzelnen Kriterien können unterschiedliches funktionales Verhalten aufweisen und in Form einer stetigen oder einer Sprungfunktion beschrieben werden. Im Gegensatz zu den Ausschlußkriterien mit sogenanntem digitalen Verhalten, die dabei entweder den Wert 0 oder 1 annehmen, wird bei Bewertungskriterien mit analogem Verhalten der Kennwert durch eine stetige Funktion beschrieben - wie beispielsweise bei der Gegenuberstellung der Anzahl unterschiedlicher Konturelemente, aus der sich die Anzahl der zur Bearbeitung eines Blechwerkstücks notwendigen Werkzeuge ableiten läßt, zu der maximalen Anzahl Werkzeuge im Magazin als Merkmal von Fertigungseinrichtungen.

Bei der Bewertung der Fertigungsgerechtheit werden sämtliche Einflußbereiche erfaßt und bewertet. Das heißt, das ganze Spektrum und Umfeld der fertigungsgerechten Werkstuckgestaltung wird berücksichtigt. Die Einflußbereiche ergeben sich hierbei aus den Merkmalen von Blechwerkstück und Fertigungseinrichtung, wobei deren Abhängigkeiten ausgehend von den in Kapitel 5 erarbeiteten Wechselbeziehungen bestimmt und bewertet werden.

Die in dieser Arbeit durchgeführten Analysen von Blechteilespektren und Fertigungseinrichtungen und die Auswertung von unterschiedlichen Planungsprojekten im Bereich der flexiblen Blechteilefertigung ergeben eine Vielfalt von Aspekten der Fertigungsgerechtheit. Die Kriterien zur Bewertung der Fertigungsgerechtheit der Blechwerkstücke als Grad der Berucksichtigung fertigungstechnischer Möglichkeiten und Restriktionen umfassen unterschiedliche Teilaspekte wie bearbeitungsgerecht, fertigungsmittelgerecht, handhabungsgerecht, transportgerecht und lagergerecht. Ausgehend von den unterschiedlichen fertigungstechnischen Teilaspekten werden entsprechend der Merkmalsstrukturierung für die Fertigungseinrichtungen von Abschnitt 4.5 die Bewertungskriterien in die drei Bereichskriterien Fertigungsgerechtheit fur die ebene Bearbeitung, Fertigungsgerechtheit für die Biegebearbeitung und Fertigungsgerechtheit für den Materialfluß gegliedert.
Diese Bereichskriterien werden weiter in Klassen- und Einzelkriterien unterteilt, so daß sich eine dreistufige Hierarchie mit

- Bereichskriterien,
- Klassenkriterien und
- Einzelkriterien

fur die Bewertungskriterien ergibt, wie es in **Bild 46** im Kriterienbaum zur Bewertung der Fertigungsgerechtheit hinsichtlich der ebenen Bearbeitung dargestellt ist. Eine weitere Unterteilung der Kriterien wäre prinzipiell möglich, sollte jedoch aufgrund der dadurch wieder gefährdeten Übersichtlichkeit vermieden werden.

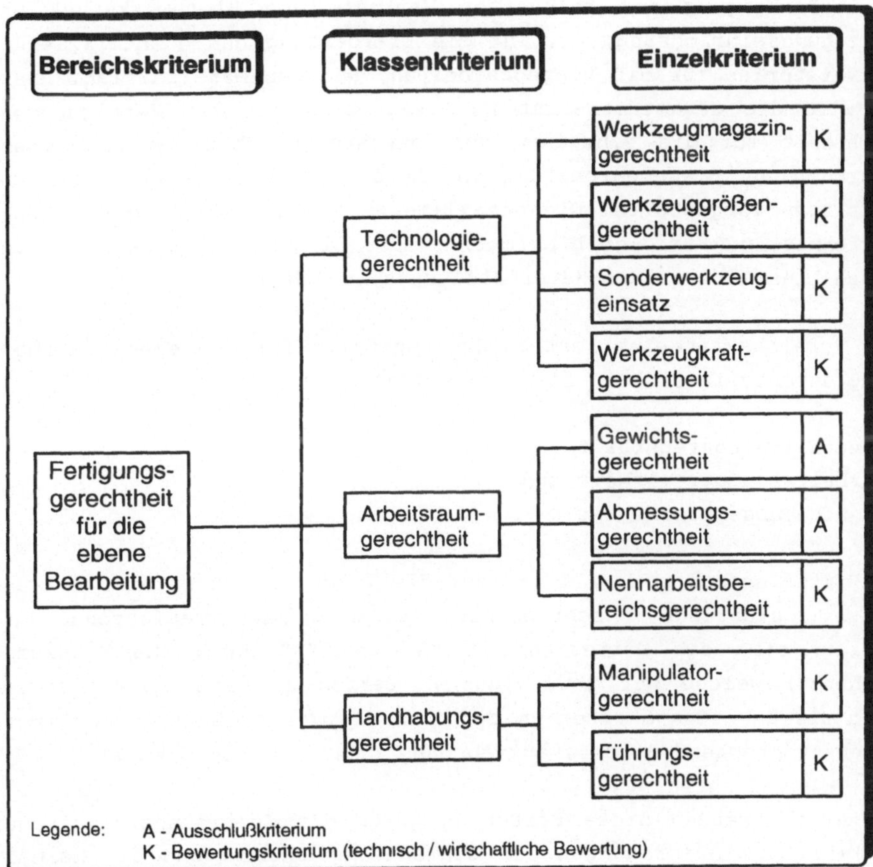

Bild 46:   Kriterienbaum zur Bewertung der Fertigungsgerechtheit hinsichtlich der ebenen Bearbeitung

Die systematische Erarbeitung und die detaillierte Darstellung der Kriterien zur Fertigungsgerechtheit wird im folgenden stellvertretend für die Vielfalt an prinzipiell einsetzbaren Fertigungseinrichtungen in der flexiblen Blechteilefertigung am Beispiel der ebenen Bearbeitung für Fertigungseinrichtungen mit mechanischen Trennverfahren vorgestellt, da diese in den Unternehmen zur flexiblen Blechbearbeitung am häufigsten eingesetzt werden. Mit dem selben systematischen Ansatz, der aufbaut auf den in Kapitel 5 erarbeiteten Wechselbeziehungen und Gestaltungsregeln unter

Berücksichtigung der relevanten Merkmale von Blechwerkstück und Fertigungseinrichtung, erfolgt die Erarbeitung und Quantifizierung der Kriterien für die Biegebearbeitung und den Materialfluß. Hierzu wird die Gesamtübersicht über die Kriterien zur Fertigungsgerechtheit für die einzelnen fertigungstechnischen Bereiche ebene Bearbeitung, Biegebearbeitung und Materialfluß am Ende dieses Abschnittes vorgestellt. Die detaillierte Zusammenstellung und Kennwertermittlung erfolgt hinsichtlich der Biegebearbeitung in Anhang 2 und hinsichtlich des Materialflusses in Anhang 3.

Das Bereichskriterium Fertigungsgerechtheit für die ebene Bearbeitung unterteilt sich in die Klassenkriterien

- Technologiegerechtheit,
- Arbeitsraumgerechtheit und
- Handhabungsgerechtheit.

Im Kriterienbaum von Bild 46, der die in den Abschnitten 6.2.2 und 6.2.3 ausführlich beschriebenen Kriterien zusammenfassend darstellt, sind die Kriterien mit "A" und "K" dahingehend gekennzeichnet, welche der jeweiligen Kriterien als Ausschlußkriterien oder als Bewertungskriterien der technisch/wirtschaftlichen Bewertung entsprechend Bild 44 aus Abschnitt 6.1.2 zuzuordnen sind.

Beeinflußt werden diese Kriterien durch die fertigungstechnischen Merkmale und Ausprägungen der Bearbeitungstechnik und der maschineninternen Materialfluß- beziehungsweise Handhabungstechnik von Fertigungseinrichtungen zur ebenen flexiblen Konturbearbeitung von Blechwerkstücken. Peripherieeinrichtungen wie beispielsweise Abstapeleinrichtungen, die der maschinenexternen Handhabung zugeordnet sind, werden den Bewertungskriterien für den Bereich Materialfluß zugeordnet.

Aufbauend auf der Überblick-Matrix von Bild 36 aus Abschnitt 5.1.2 ist in **Bild 47** die Zuordnung der für die einzelnen Bewertungskriterien relevanten Merkmalsklassen von Blechwerkstück und Fertigungseinrichtung zu den Bewertungskriterien dargestellt. Die mit 1 gekennzeichneten, zusammengefaßten Merkmalsklassen beinhalten die relevanten Merkmale für das Klassenkriterium "Technologiegerechtheit". Die für die Klassenkriterien "Arbeitsraumgerechtheit" und "Handhabungsgerechtheit" relevanten Merkmale sind in den mit 2 beziehungsweise 3 gekennzeichneten Merkmalsklassen enthalten. Die einzelnen, für die Klassenkriterien und deren Einzelkriterien relevanten Merkmale von Blechwerkstück und Fertigungseinrichtung folgen logisch aus den Zuordnungsmatrizen der Wechselbeziehungen mit den Detaillierungen für die einzelnen fertigungstechnischen Merkmalsbereiche in den Bildern 37,38 und 39 aus Abschnitt 5.1.2 beziehungsweise sind von dort zu übernehmen.

Wechselbeziehung ⟷ Merkmalsklassen der ebenen Bearbeitung			
Merkmalsklassen der Blechwerkstücke	Technologie	Arbeitsraum	maschineninterne Handhabung
Grobgeometrie		X	X
Innenkontur	X		X
Außenkontur	X		X
Biegeprofil			
Materialgüte	1 X	2 X	3 X
Oberfläche			X
Menge			

Legende: 1: Relevante Merkmalsklassen für das Klassenkriterium „Werkzeuggerechtheit"
2. Relevante Merkmalsklassen für das Klassenkriterium „Arbeitsraumgerechtheit"
3: Relevante Merkmalsklassen für das Klassenkriterium „Handhabungsgerechtheit"

Bild 47: Zuordnung von Merkmalsklassen zu den Klassenkriterien zur Bewertung der Fertigungsgerechtheit für die ebene Bearbeitung

Die Gesamtübersicht über die Einzelkriterien zur Fertigungsgerechtheit für die fertigungstechnischen Bereiche ebene Bearbeitung, Biegebearbeitung und Materialfluß mit den jeweils relevanten Merkmalen und Ausprägungen von Blechwerkstück und Fertigungseinrichtung zeigt **Bild 48**.

Bereich	Einzelkriterium	Merkmale und Ausprägungen	
		Blechwerkstück	**Fertigungseinrichtung**
ebene Bearbeitung	Werkzeugmagazin-gerechtheit	Anzahl unterschiedlicher Konturelemente für einen Einfachhub	maximale Anzahl Werkzeuge im Werkzeugmagazin
	Werkzeuggrößen-gerechtheit	Anzahl unterschiedlicher Konturelemente für einen Einfachhub; Durchmesser, Länge, Breite, der Innenkonturelemente	maximaler Stanzdurchmesser
	Sonderwerkzeug-einsatz	Anzahl unterschiedlicher Konturelemente gesamt und Sonderkonturelemente für einen Einfachhub	--
	Werkzeugkraft-gerechtheit	Anzahl unterschiedlicher Konturelemente für einen Einfachhub; Konturlänge, Blechdicke, Scherfestigkeit	maximale Stanzkraft
	Gewichts-gerechtheit	Gewicht des Blechwerkstücks	maximale Arbeitstischbelastung maximale Tragfähigkeit der maschineninternen Handhabung
	Abmessungs-gerechtheit	Länge, Breite der ebenen Hüllfläche, Blechdicke	maximale Länge, Breite, Diagonale der Platinenauflagefläche; maximal bearbeitbare Blechdicke
	Nennarbeits-bereichs-gerechtheit	Länge, Breite der ebenen Hüllfläche	Nennarbeitsbereich in Maschinenlangs- und -querachse, Nachsetzweg
	Manipulator-gerechtheit	Länge, Breite der ebenen Hüllfläche, Fläche der Innenkonturelemente, Länge der Außenkonturelemente, Anzahl bearbeiteter Werkstückseiten	Handhabungsprinzip, Anzahl Spannpratzen
	Führungs-gerechtheit	Oberfläche· Beschichtung, Struktur, Empfindlichkeit	Werkstückführung: Kugelrollen, Kunststoffborsten
Biegebearbeitung	Biegewerkzeug-einsatz	Anzahl unterschiedlicher Biegewinkel, -radien, -längen, Anzahl unterbrochener Biegungen	--
	Niederhalter-gerechtheit	Grundfläche mit Länge und Breite, Schenkelhöhe, Biegewinkel, Biegereihenfolge, Abstand Prägung von Biegekante	Niederhalterform - Tiefe, -Höhe, minimale Spreizwerkzeuglänge
	Biegekraft-gerechtheit	Blechdicke, Festigkeit, Biegelänge	Biegekraft, maximale verarbeitbare Blechdicke

Bild 48: Kriterienübersicht für die Bereiche ebene Bearbeitung, Biegebearbeitung und Materialfluß

Bereich	Einzelkriterium	Merkmale und Ausprägungen	
		Blechwerkstück	**Fertigungseinrichtung**
Biegebearbeitung	**Biegeradius-gerechtheit**	Biegeradius, Festigkeit, Blech-dicke	minimaler Biegeradius
	Schenkelhöhen-gerechtheit	Schenkelhöhe, Blechdicke, Biegeradius	minimale Schenkelhöhe in Ab-hängigkeit des Biegeverfahrens
	Platinenabmes-sungsgerechtheit	Länge, Breite der ebenen Hüllfläche	maximale Länge, Breite, Diago-nale der Platinenauflagefläche, minimale greifbare Platinengröße
	Profilgrößen-gerechtheit	Höhe des Hüllkörpers, Schenkel-höhe, Biegewinkel, Biegereihen-folge	maximale Durchgangshöhe, maximaler Profilradius
	Gewichts-gerechtheit	Gewicht des Blechwerkstücks	maximale Arbeitstischbelastung, maximale Tragfähigkeit der ma-schineninternen Handhabung
	Greifer- / Anschlag-gerechtheit	Länge der Außenkonturelemente, Anzahl bearbeiteter Werkstück-seiten	Greiferprinzip, Handhabungs-prinzip
	Manipulator-gerechtheit	Länge, Breite der ebenen Hüll-fläche, Fläche der Innenkontur-elemente, Grundfläche des ge-bogenen Blechwerkstucks	Handhabungsprinzip, Spann-tellermanipulatordurchmesser
	Führungs-gerechtheit	Oberfläche: Beschichtung, Empfindlichkeit, Struktur	Werkstückführung: Kugelrollen, Kunststoffborsten
Materialfluß	**Geometrische Grei-fergerechtheit**	Hüllfläche, Flache der Innenkon-turelemente, Lange der Außen-konturelemente, Anzahl bearbei-teter Werkstückseiten	Greifelement, Greiferprinzip
	Prinzipielle Greifer-gerechtheit	Gewicht, Magnetisierbarkeit	maximale Tragfähigkeit, Greifer-prinzip, Mindestgewicht bei Mag-netgreifer (zum Loslosen bei Stromunterbrechung)
	Manuelle Handha-bungsgerechtheit	Gewicht, Hüllflache, Hüllkorper	ergonomische Belastungsgren-zen hinsichtlich Gewicht und Abmessungen bei Tätigkeits-wiederholung
	Abmessungs-gerechtheit	Hüllfläche, Hüllkorper	minimale und maximale Ab-messungen des Werkstuck-aufnahmebereichs
	Rollenbahn-gerechtheit	Blechdicke	Geometrie der Aufnahmefläche ("eben ausgebildet" bei Forder-hilfsmittel, "unterbrochen" bei Rollenbahnen)
	Oberflächen-gerechtheit	Oberfläche, Beschichtung, Struktur, Empfindlichkeit	Material der Aufnahmeflache Metall, Holz, Kunststoff, Kugel-rollen, Kunststoffborsten
	Stapelstabilität	Hullkorper, Anordnung / Lage / Symmetrie von Schenkelhohen und Prägungen	Begrenzungsprinzip des Lager- und Förderhilfsmittels: tragend /offen, umschließend/ unterteilt
	Raumausnutzung	Hullfläche, Hullkorper, Blechdicke, Biegeprofil, Stapeleigenschaften	--

<u>**Bild 48:**</u> Kriterienübersicht fur die Bereiche ebene Bearbeitung, Biegebearbeitung und Materialfluß (Fortsetzung)

Die detaillierte Beschreibung der Einzelkriterien erfolgt in den
Ausführungen der nächsten Abschnitte. Hierbei konzentriert sich
die Erarbeitung der Einzelkriterien für die jeweiligen Klassenkriterien auf die wichtigsten entsprechend dem Kriterienbaum von Bild
46, die sich aus den Wechselbeziehungen mit großer Einflußstärke
ableiten. Diese stehen repräsentativ für weitere zusätzliche Bewertungskriterien, die unter Berücksichtigung der Normierung der
Kennwerte nach anwenderorientierten Erfordernissen entsprechend
der aufgezeigten Vorgehensweise abgeleitet und ergänzt werden können. Bei der folgenden Beschreibung der Einzelkriterien wird die
mathematische beziehungsweise die grafische Darstellung der zuge-
hörigen Kennwertermittlung aufgezeigt.

6.2.2 Bewertungsstufe 1 - Prüfung der fertigungstechnischen Her-
stellbarkeit

In der Bewertungsstufe 1 erfolgt die Prüfung der fertigungstechnischen Herstellbarkeit der Blechwerkstücke. Die Bewertung anhand
der Ausschlußkriterien ermöglicht eine Aussage, ob die erforderlichen Fertigungsaufgaben grundsätzlich durchgeführt werden können.
Diese Ausschlußkriterien beziehen sich auf Mindestanforderungen
der Fertigungseinrichtungen an die Blechwerkstücke und beschreiben
die fertigungstechnischen Grenzen. Einsatzgrenzen sind hierbei die
maximalen Abmessungen und das Gewicht. Somit werden - entsprechend
Bild 46 - im folgenden

-   die Gewichtsgerechtheit und
-   die Abmessungsgerechtheit

als Ausschlußkriterien zu prüfen sein.

Durch das **Ausschlußkriterium** der **Gewichtsgerechtheit** erfolgt die
Bewertung der Fertigungsgerechtheit des Blechwerkstückes unter dem
Aspekt der Arbeitsraumgerechtheit sowie der Handhabung. Hierzu ist
das Gewicht des Blechwerkstückes der maximal zulässigen Arbeitstischbelastung der Maschine und der maximalen Tragfähigkeit der
maschineninternen Handhabungseinrichtung gegenüberzustellen. Ist
das Werkstückgewicht kleiner oder gleich als die maximale Arbeits-

tischbelastung und kleiner oder gleich als die maximale Tragfähigkeit der Handhabungseinrichtung, wird dem entsprechenden Kennwert der Fertigungsgerechtheit hinsichtlich der Gewichtsgerechtheit $KFG_{Gewicht}$ der Wert 1 zugeordnet. Überschreitet das Werkzeuggewicht die maximal zulässige Arbeitstischbelastung oder die maximale Tragfähigkeit, nimmt der Kennwert den Wert Null an:

$$KFG_{Gewicht} = \begin{cases} 1; M_{BWst} \leq M_{Tmax} \wedge M_{BWst} \leq M_{Himax} \\ 0; M_{BWst} > M_{Tmax} \vee M_{BWst} > M_{Himax} \end{cases}$$

M_{BWst} :   Gewicht des Blechwerkstücks

M_{Tmax} :   maximale Arbeitstischbelastung

M_{Himax} :   maximale Tragfähigkeit der maschineninternen Handhabung

$KFG_{Gewicht}$:   Kennwert zur Bewertung der Gewichtsgerechtheit

Eine grundlegende Forderung ist, daß das Blechwerkstück den Arbeitsraum der Maschine hinsichtlich der maximalen Abmessungen nicht überschreitet. Hierzu ist neben der Längen- und Breitenabmessung des Blechwerkstückes auch die maximal zulässige Diagonale zu berücksichtigen, da dies bei einem erforderlichen Drehen des Blechteiles auf dem Arbeitstisch der Bearbeitungsmaschine eine zusätzliche fertigungstechnische Restriktion darstellt. Der Kennwert für das **Ausschlußkriterium** der **Abmessungsgerechtheit** ist somit durch die Gegenüberstellung von maximal zulässiger Länge, Breite und Diagonale der Platinenauflagefläche der Maschine und Länge und Breite sowie daraus resultierend der Diagonale des Werkstückes zu ermitteln. Wird einer der maximal zulässigen Werte überschritten, fällt der Kennwert der Abmessungsgerechtheit KFG_{Abmess} gemäß einer Sprungfunktion auf den Wert Null. Entsprechend ist auch bei Überschreitung der maximal bearbeitbaren Blechdicke die Fertigungsgerechtheit nicht mehr gegeben:

$$KFG_{Abmess} = \begin{cases} 1; L_E \leq L_{PAmax} \wedge B_E \leq B_{PAmax} \wedge \sqrt{L_E^2 + B_E^2} \leq Dia_{PAmax} \wedge s \leq s_{max} \\ 0; L_E > L_{PAmax} \vee B_E > B_{PAmax} \vee \sqrt{L_E^2 + B_E^2} > Dia_{PAmax} \vee s > s_{max} \end{cases}$$

L_E :   Länge der ebenen Hüllflache

B_E :   Breite der ebenen Hüllflache

L_{PAmax} : maximale Länge der Platinenauflagefläche
B_{PAmax} : maximale Breite der Platinenauflagefläche
Dia_{PAmax} : maximale Diagonale der Platinenauflagefläche
s : Blechdicke
s_{max} : maximal zulässige Blechdicke
KFG_{Abmess} : Kennwert zur Bewertung der Abmessungsgerechtheit

6.2.3 Bewertungsstufe 2 - Technisch/wirtschaftliche Bewertung der Fertigungsgerechtheit

In der Bewertungsstufe 2 erfolgt anhand von Bewertungskriterien, die den fertigungstechnischen Aufwand werten, die technisch/ wirtschaftliche Bewertung der Fertigungsgerechtheit. Hierzu werden diese Bewertungskriterien derart gestaltet, daß der durch die Fertigungsgerechtheit beeinflußte fertigungstechnische Aufwand auf die Ausprägungen und Wechselbeziehungen der verschiedenen Merkmale von Blechwerkstück und Fertigungseinrichtung zurückgeführt werden kann. Hierfür sind die Bewertungskriterien geeignet strukturiert wie im Kriterienbaum von Bild 46 in Abschnitt 6.2.1 dargestellt.

Für die methodische Durchführung der Bewertung mit den Bewertungskriterien der Stufe 2 wurden als Bewertungsmethode die drei Arbeitsschritte nach **Bild 49** erarbeitet. Als erster Schritt sind die Bewertungskriterien zu erarbeiten. Hierzu werden die Merkmale der Blechwerkstücke und die Merkmale der Fertigungseinrichtungen miteinander verknüpft und die somit definierten Kriterien durch Algorithmierung quantifiziert, um Kennwerte zu bilden. Im zweiten Arbeitsschritt zur Bewertung der Fertigungsgerechtheit von Blechwerkstücken erfolgt mit der Gewichtung der einzelnen Bewertungskriterien und der Aufstellung des Bewertungsschemas über die Strukturierung in Bereichs, Klassen- und Einzelkriterien die Verknüpfung der einzelnen Bewertungskriterien.

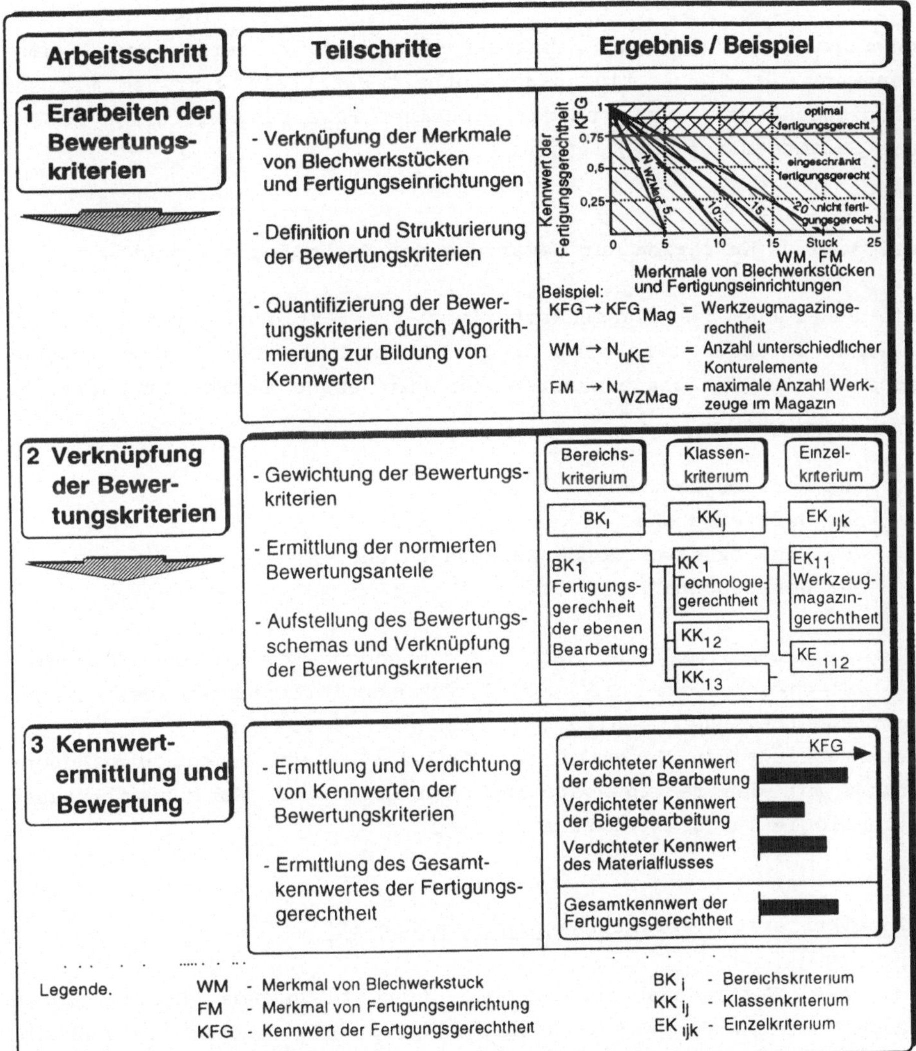

Bild 49: Arbeitsschritte zur technisch/wirtschaftlichen Bewer- tung der Fertigungsgerechtheit von Blechwerkstucken

Im dritten Schritt werden abschließend die Kennwerte der Ferti- gungsgerechtheit ermittelt und damit die Bewertung der Fertigungs- gerechtheit durchgeführt. Hierzu werden in einem ersten Teil- schritt zunächst die Kennwerte der einzelnen Bewertungskriterien ermittelt, aus deren Zusammenfassung unter Berucksichtigung der

Gewichtung der Bereichs-, Klassen- und Einzelkriterien der Gesamtkennwert für die Fertigungsgerechtheit ermittelt wird, um mit der
Verdichtung der Kennwerte der einzelnen Bewertungskriterien zu einer Gesamtaussage zu gelangen.

6.2.3.1 Kriterien zur Bewertung der Technologiegerechtheit

Die Bewertung des Klassenkriteriums der Fertigungsgerechtheit von
Blechwerkstücken hinsichtlich der Technologie und hierbei insbesondere des Werkzeugeinsatzes für die ebene Bearbeitung erfolgt
unter dem Aspekt

- des Werkzeugmagazins,
- der Werkzeuggröße,
- des Einsatzes von Sonderwerkzeugen und
- der Werkzeugkraft.

Wie die Darstellung der Wechselbeziehungen zwischen den Merkmalen
der Blechwerkstücke und der Fertigungseinrichtungen der ebenen
Konturbearbeitung in Bild 37, Abschnitt 5.1.2 zeigt, stehen die
werkstückseitigen Merkmale der Merkmalsklassen Innen- und Außenkontur mit den fertigungstechnischen Merkmalen der Merkmalsklasse
Technologie in direktem Zusammenhang.

Einzelkriterium "Werkzeugmagazingerechtheit"

Auf die Fertigungseinrichtungen zuruckzuführende Restriktionen
können seitens der Werkzeugmagazinkapazitat auftreten, so daß die
Anzahl der erforderlichen Werkzeuge über die Werkzeugmagazingerechtheit ein wichtiges Bewertungskriterium darstellt.

Der fertigungstechnische Aufwand des Werkzeugeinsatzes, der durch
die Innen- und Außenkonturelemente hervorgerufen wird, kann durch
den Aufwand für das Rüsten der Werkzeuge pro Fertigungslos, für
das Wechseln der Werkzeuge pro Werkstück beziehungsweise pro
Blechtafel und durch den Aufwand für die Werkzeugverwaltung und
-wartung dargestellt werden. Mit zunehmender Anzahl unterschied-

licher Konturelemente, die nicht durch Nibbeln, sondern durch einen Einfachhub mit einem Stanzwerkzeug herzustellen sind, erhöht sich die Anzahl notwendiger Werkzeuge und damit der fertigungstechnische Aufwand.

Da nach der Definition der Fertigungsgerechtheit bei zunehmendem fertigungstechnischen Aufwand der Kennwert zur Bewertung der Fertigungsgerechtheit kleine Werte nahe bei Null annimmt, wird der Kennwert zur Bewertung des Kriteriums der Werkzeugmagazingerechtheit KFG_{Mag} entsprechend **Bild 50** ermittelt. Hierbei wird die Anzahl unterschiedlicher Konturelemente, die mit einem Hub hergestellt werden können, der maximalen Anzahl Werkzeuge im Werkzeugmagazin der Maschine gegenübergestellt. Weiter wird festgelegt, daß bei Überschreitung der maximal moglichen Anzahl an Werkzeugen im Magazin durch die Anzahl unterschiedlicher Konturelemente und damit der notwendigen Werkzeuge aufgrund des zusätzlich erforderlichen Rüstens von Werkzeugen während der Bearbeitung der Kennwert der Werkzeugmagazingerechtheit den Wert Null annimmt.

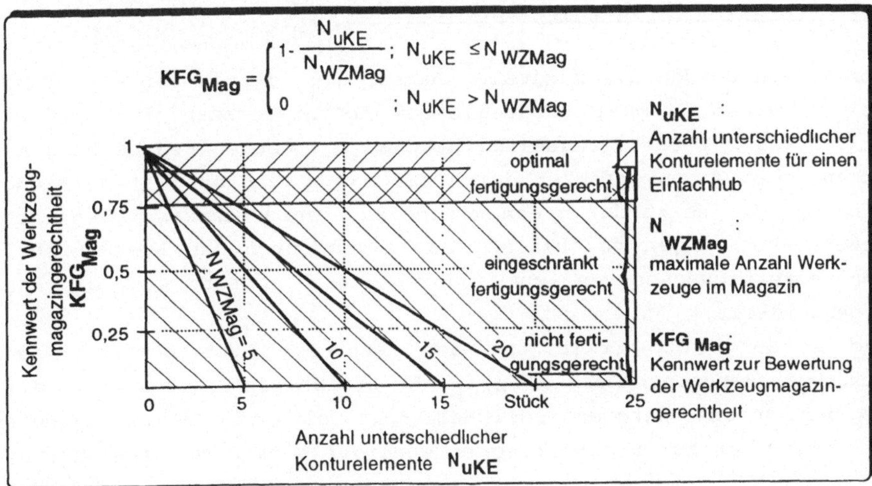

Bild 50: Ermittlung des Kennwertes zur Bewertung der Werkzeugmagazingerechtheit von Blechwerkstucken hinsichtlich der ebenen Bearbeitung

Die bewußte Unschärfe bei der Definition des Kennwertes bezüglich der Fertigungsgerechtheit unterstützt in geeigneter Weise einerseits die Forderung nach technisch/konstruktiver Vereinfachung der Blechwerkstücke. Bezogen auf die Werkzeugmagazingerechtheit bedeutet dies eine minimale Anzahl unterschiedlicher Konturelemente beziehungsweise benötigter Werkzeuge im Magazin. Andererseits wird auch die Forderung nach wirtschaftlicher Auslastung des Werkzeugmagazins unterstützt. Somit ist nicht nur bei einem theoretisch idealtypischen Blechwerkstück ohne Konturelemente die optimale Fertigungsgerechtheit gegeben, sondern auch noch bei Blechwerkstücken mit nur wenigen unterschiedlichen Konturelementen entsprechend der in Bild 50 dargestellten Bandbreite in Abhängigkeit der maximal zur Verfügung stehenden Anzahl Werkzeuge im Magazin. Hierbei ist jedoch auch noch dafür zu sorgen, daß notwendige Reserveplätze für mögliche Werkstückänderungen oder freie Werkzeugplätze für weitere auf der Blechbearbeitungsmaschine in der Folge zu bearbeitende Blechwerkstücke mit dem Ziel der Minimierung des Rüstaufwandes zur Verfügung gestellt werden können.

Einzelkriterium "Werkzeuggrößengerechtheit"

Geometrisch werden die maximalen Abmessungen der in einem Einfachhub mit einem Stempel herstellbaren Konturelemente eines Blechwerkstückes bei Fertigungseinrichtungen zur ebenen Bearbeitung mit mechanischen Trennverfahren durch die maximale Größe der Werkzeugaufnahme, das heißt durch den maximalen Stanzdurchmesser begrenzt. Größere Abmessungen verursachen zum einen durch das Konturnibbeln größere Fertigungszeiten, zum anderen verschlechtert sich die Konturgenauigkeit.

Bild 51 zeigt die Ermittlung des Kennwertes zur Bewertung der Werkzeuggrößengerechtheit KFG_{WZgr}. Er ergibt sich aus dem Verhältnis der Anzahl unterschiedlicher Konturelemente beziehungsweise der Anzahl der zur Bearbeitung notwendiger Werkzeuge, die aufgrund zu großer Durchmesser, Längen und Breiten nicht mehr mit einem Einfachhub herstellbar sind, und der Gesamtanzahl unterschiedlicher Konturelemente eines Blechwerkstuckes. Eine optimale Fertigungsgerechtheit hinsichtlich der Werkzeuggröße ist dann gegeben, wenn am Blechwerkstück keine oder nur eine sehr geringe Anzahl unterschiedlicher Konturelemente, die die geometrischen Grenzen des Stanzwerkzeuges überschreiten, vorhanden sind. Damit wird gleichzeitig berücksichtigt, bis zu einem gewissen Maß die technische Fähigkeit der NC-Blechbearbeitungsmaschine zum Nibbeln auszunutzen, wobei jedoch die Wirtschaftlichkeit und Qualität eines Einfachhubes zur Herstellung eines Konturelementes im Vordergrund steht.

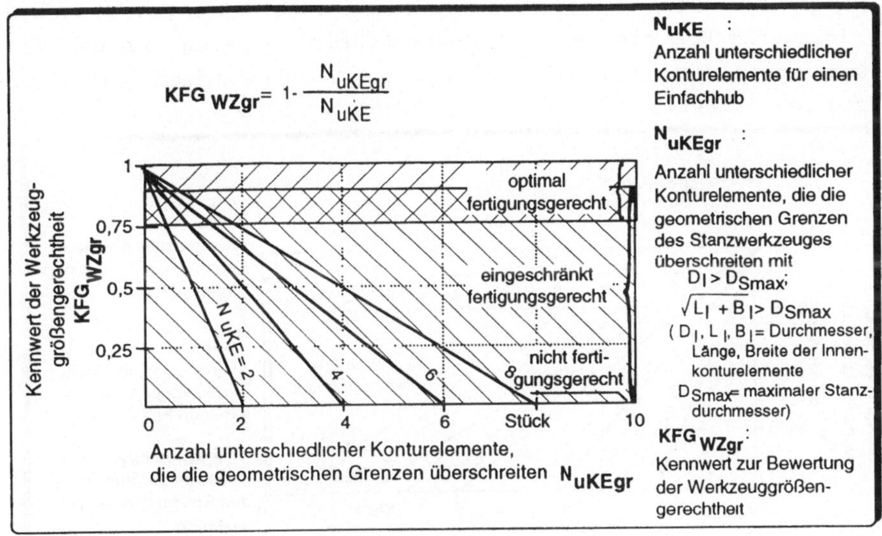

Bild 51: Ermittlung des Kennwertes zur Bewertung der Werkzeuggrößengerechtheit von Blechwerkstücken hinsichtlich der ebenen Bearbeitung

Einzelkriterium "Sonderwerkzeugeinsatz"

Der Einsatz von Sonderwerkzeugen, hervorgerufen durch Sonderkonturelemente als Merkmale von Blechwerkstücken, verursacht erhöhten fertigungstechnischen Aufwand, da diese Werkzeuge meist für jedes Fertigungslos eines Blechwerkstückes neu im Werkzeugmagazin gerüstet werden müssen. Weiter erhöht sich dadurch insgesamt die Zahl der zu verwaltenden Werkzeuge. Ziel hinsichtlich der Fertigungsgerechtheit ist die Minimierung von Sonderkonturelementen am Blechwerkstück und dadurch die Minimierung von Sonderwerkzeugen. Entsprechend dem Kriterium der Werkzeuggroßengerechtheit erfolgt nach **Bild 52** die Ermittlung des Kennwertes zur Bewertung des Sonderwerkzeugeinsatzes $KFG_{SonderWZ}$ durch das Verhältnis der Anzahl unterschiedlicher, mit einem Einfachhub herstellbarer Sonderkonturelemente und damit der zur Bearbeitung benötigten Sonderwerkzeuge zur Gesamtanzahl unterschiedlicher Konturelemente. Hierbei ist dann bei einem kleinen Verhältnis von unterschiedlichen Sonderkonturelementen zu unterschiedlichen Konturelementen insgesamt am Blechwerkstück die Fertigungsgerechtheit in bezug auf den Sonderwerkzeugeinsatz optimal und wird mit zunehmendem Verhältnis stetig schlechter.

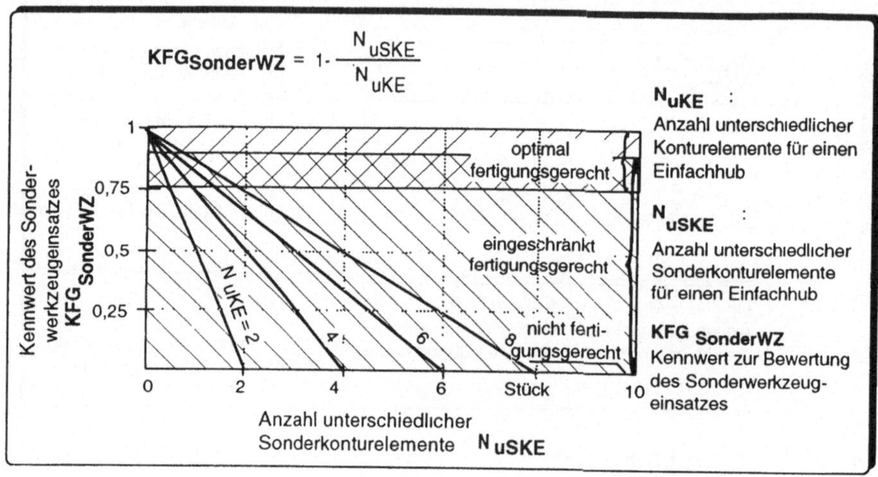

Bild 52: Ermittlung des Kennwertes zur Bewertung des Sonderwerkzeugeinsatzes für Blechwerkstücke hinsichtlich der ebenen Bearbeitung

Einzelkriterium "Werkzeugkraftgerechtheit"

Physikalische Grenzen zur Herstellung eines Konturelementes in einem Einfachhub mit einem Werkzeugstempel sind zum einen der minimale Querschnitt mit der Gefahr des Ausknickens des Stempels beim Stanzhub als auch des Abreißens des Stempels beim Rückhub. Hierzu sollte die Bedingung, daß der Durchmesser größer gleich der Blechdicke ist, erfüllt sein.

Zum andern wird der maximale Querschnitt des Stempels durch die Wechselbeziehung zwischen den Werkstückmerkmalen Blechdicke, Werkstoffestigkeit und Konturlänge und dem fertigungstechnischen Merkmal maximale Stanzkraft beeinflußt. Die Konturlänge ist hierbei die Länge der Konturlinie des Konturelementes. Der Zusammenhang kann durch folgende Ungleichung in Anlehnung an die bekannte und häufig verwendete Formel zur Grobbestimmung der maximalen Schneidkraft dargestellt werden /103/:

$$F_{Smax} \geq \alpha * L_{Kon} * s * \tau_a$$

mit α : Sicherheitsfaktor (>1)

L_{Kon} : Konturlänge [mm]

s : Blechdicke [mm]

τ_a : maximale Scherfestigkeit [N/mm^2]

F_{Smax} : maximale Stanzkraft der Maschine [N]

Ist für ein Konturelement eines Blechwerkstückes diese Bedingung nicht erfüllt, so muß mit einem kleineren Stempel die Kontur genibbelt werden. Der dadurch entstehende fertigungstechnische Aufwand kann durch die erhöhte Fertigungszeit, die schlechtere Konturgenauigkeit und durch einen erhöhten Werkzeugverschleiß beschrieben werden.

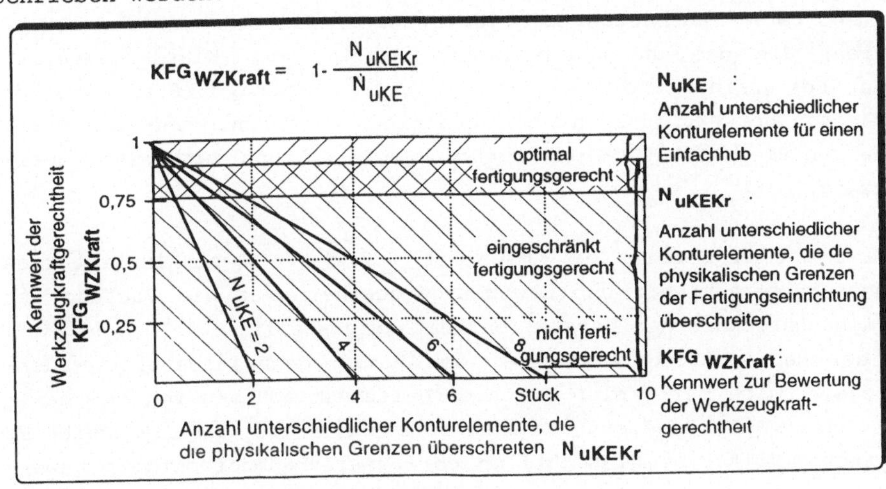

Bild 53: Ermittlung des Kennwertes zur Bewertung der Werkzeugkraftgerechtheit von Blechwerkstücken hinsichtlich der ebenen Bearbeitung

Unter Berücksichtigung der physikalischen Grenzen und deren Einfluß auf die minimalen und maximalen Abmessungen von in einem Hub herstellbaren Konturelementen beziehungsweise den hierfür einzusetzenden Werkzeugen wird somit der Kennwert der Werkzeugkraftgerechtheit $KFG_{WZKraft}$ entsprechend **Bild 53** anhand des Verhältnisses der Anzahl unterschiedlicher Konturelemente, die die physikalischen Grenzen überschreiten, und der Gesamtanzahl unterschiedlicher Konturelemente ermittelt.

6.2.3.2   Kriterien zur Bewertung der Arbeitsraumgerechtheit

Bei der Bewertung des Klassenkriteriums der Arbeitsraumgerechtheit sind die Ausprägungen der einzelnen Merkmale der Blechwerkstücke in erster Linie den geometrischen Einsatzgrenzen der zu berücksichtigenden Maschinen zur ebenen Bearbeitung gegenüberzustellen. Aus der Darstellung der Wechselbeziehungen zwischen Werkstückmerkmalen und den fertigungstechnischen Merkmalen zur ebenen Bearbeitung in Bild 37 aus Abschnitt 5.1.2 lassen sich für die Arbeitsraumgerechtheit die Rohmaterialabmessung, die Hüllfläche und das spezifische Gewicht als relevante Merkmale der Blechwerkstücke ableiten. Darauf aufbauend erfolgt fur die Definition der Einzelkriterien, die die unterschiedlichen Aspekte der Klassenkriterien näher beschreiben und teilweise schon maschinenspezifische Besonderheiten berücksichtigen, die quantitative Verknüpfung der Merkmale von Blechwerkstück und Fertigungseinrichtung zur ebenen Bearbeitung.

Hierzu wurden bereits in Abschnitt 6.2.2 die Ausschlußkriterien Abmessungsgerechtheit und Gewichtsgerechtheit für die Prüfung der fertigungstechnischen Herstellbarkeit aufgestellt.
Da der Nennarbeitsbereich, der den Werkzeugeinsatzbereich widerspiegelt, sich bei vielen Blechbearbeitungsmaschinen von den maximal zulässigen Abmessungen unterscheidet, wird er als weiteres separates Kriterium hinsichtlich der Arbeitsraumgerechtheit bewertet.

Einzelkriterium "Nennarbeitsbereichsgerechtheit"

Die Bewertung der Arbeitsraumgerechtheit hinsichtlich des zur Verfügung stehenden Nennarbeitsbereiches berücksichtigt den fertigungstechnischen Aufwand durch zusätzliches Nachfassen und Drehen des Blechwerkstückes. Um das Blechwerkstück bezüglich der Maschinenlängsachse (X-Achse) in den Werkzeugeinsatzbereich beziehungsweise zur Werkzeugachse zu positionieren, ist bei Überschreitung des Nennarbeitsbereichs in X-Richtung durch die Werkstücklänge ein Nachfassen notwendig wie es **Bild 54** zeigt. Entsprechend erfordert ein Überschreiten des Nennarbeitsbereichs in Y-Richtung durch die Werkstückbreite ein Drehen des Blechwerkstückes, um auch die dem Werkzeugsystem abgewandte Seite des Blechwerkstückes bearbeiten zu können.

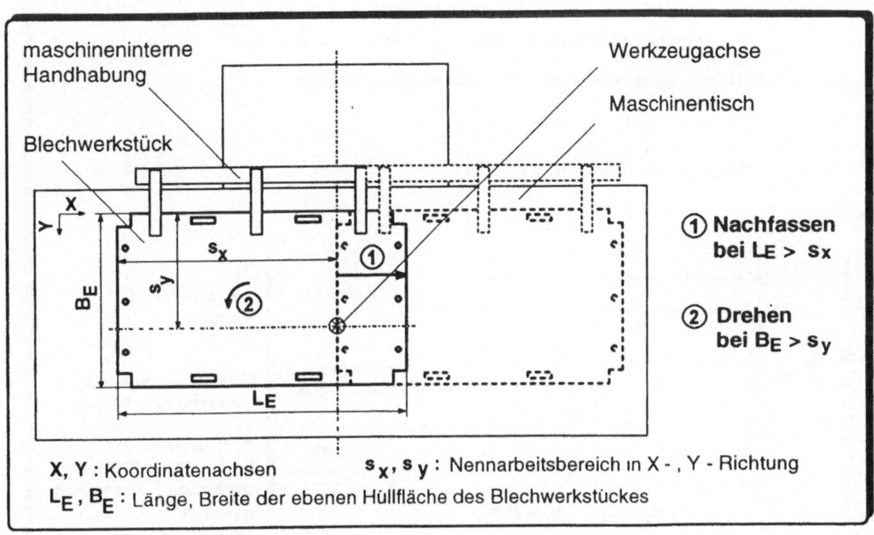

Bild 54:   Nachfassen und Drehen bei Überschreitung des Nennarbeitsbereichs

Da bei jedem Überschreiten des Nennarbeitsbereiches ein zusätzlicher fertigungstechnischer Aufwand entsteht, wird der Kennwert zur Bewertung der Nennarbeitsbereichsgerechtheit KFG_{Nenn} entsprechend **Bild 55** anhand einer Stufenfunktion ermittelt.

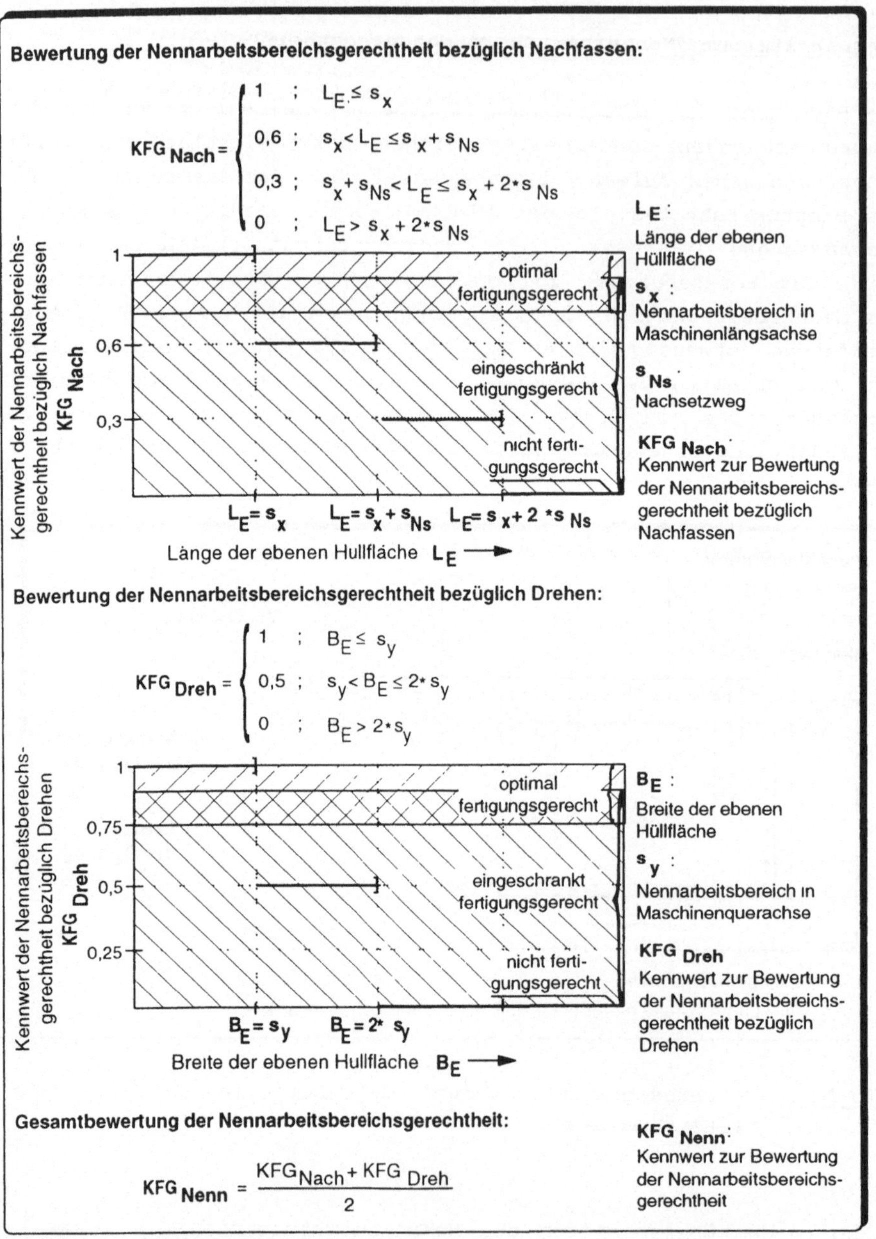

Bild 55: Ermittlung des Kennwertes zur Bewertung der Nennarbeitsgerechtheit von Blechwerkstucken hinsichtlich der ebenen Bearbeitung

Unter Berücksichtigung der in der Praxis eingesetzten Fertigungseinrichtungen zur ebenen Blechbearbeitung, bei denen in der Regel maximal zweimal nachgefasst und einmal gedreht wird, wird der Kennwert der Nennarbeitsbereichsgerechtheit aus einem Kennwert der Nennarbeitsbereichsgerechtheit bezüglich Nachfassen und einem Kennwert der Nennarbeitsbereichsgerechtheit bezüglich Drehen ermittelt. Der Kennwert der Nennarbeitsbereichsgerechtheit bezüglich Nachfassen KFG_{Nach} wird durch den Nennarbeitsbereich der Maschinenlängsachse und die Werkstücklänge bestimmt, der Kennwert bezüglich Drehen KFG_{Dreh} ergibt sich aus der Gegenüberstellung von Nennarbeitsbereich der Maschinenquerachse und Breite des Werkstückes. Der Gesamtkennwert zur Bewertung der Nennarbeitsbereichsgerechtheit wird wie Bild 55 zeigt als arithmetischer Mittelwert aus den Kennwerten bezüglich Nachfassen und Drehen ermittelt.

6.2.3.3 Kriterien zur Bewertung der Handhabungsgerechtheit für die maschineninterne Handhabung

Aufgabe der maschineninternen Handhabung bei Fertigungseinrichtungen der ebenen flexiblen Blechbearbeitung ist das sichere Spannen und Positionieren des Blechwerkstückes während der Bearbeitung. Dies erfolgt durch sogenannte Manipulatoren, die in Form von Rotatoren und Zangengreifern zum Einsatz kommen. Weiter wird der maschineninterne Handhabungsvorgang während der Blechbearbeitung durch die am Arbeitstisch eingesetzte Werkstückführung beeinflußt.

Einzelkriterium "Manipulatorgerechtheit"

Ein Rotator ist hierbei eine Drehvorrichtung, mit deren Hilfe sich die Bleche im Arbeitsraum drehen lassen. Er wird verwendet, um sämtliche Punkte auf der Blechfläche unter die Stempel im Stanzkopf bringen zu können. Dabei wird das Blech zwischen zwei drehbaren Klemmbacken gespannt. Fertigungstechnische Probleme können hierbei auftreten, wenn an einem Blechwerkstück viele und große Innenkonturelemente vorhanden sind, so daß nicht gewährleistet ist, daß der Rotator das Blechwerkstuck aufgrund der unterbrochenen Fläche sicher greifen und spannen kann.

Zangengreifer, die auch als Spannpratzen bezeichnet werden, positionieren das Blech in X - und Y - Richtung auf dem Arbeitstisch der Maschine. Zahlreiche Außenkonturelemente an mehreren Werkstückseiten behindern das sichere und schnelle Greifen und Spannen des Bleches durch die Spannpratzen. Daher bieten bestimmte Fertigungseinrichtungen der ebenen flexiblen Konturbearbeitung Zangengreifer mit automatisch rückschwenkbaren Pratzen zur maschineninternen Handhabung an. Hierzu sind jedoch mindestens drei Pratzen notwendig, um auch beim Rückschwenken einer Spannpratze das Blech noch sicher zu spannen. Damit verbunden ist die fertigungstechnische Anforderung einer Mindestlänge des Bleches, die dem Mindestspannbereich der drei Spannpratzen entspricht. Ebenso ist bei Verwendung von nur zwei Spannpratzen eine darauf abgestimmte Mindestlänge gefordert, bei der dann jedoch die Spannpratzen nicht rückschwenkbar sind.

Somit wird das Einzelkriterium Manipulatorgerechtheit des Klassenkriteriums der maschineninternen Handhabungsgerechtheit anhand der hinsichtlich des Manipulatoreinsatzes relevanten Werkstückmerkmale Hullflache, Lage und Größe der Innen- und Außenkonturelemente, wie in **Bild 56** dargestellt, definiert. Hierzu erfolgt die Ermittlung von Kennwerten zur Bewertung der Manipulatorgerechtheit bezüglich Rotatoreignung KFG_{Rot} und Zangengreifereignung KFG_{Zan}. Für die Rotatoreignung wird die Gesamtfläche aller Innenkonturelemente eines Blechwerkstückes der Werkstückhullflache gegenübergestellt. Aus dem Verhältnis der Längen der Außenkonturelemente ohne Eckausklinkungen zum Umfang der Hüllfläche unter Berücksichtigung der Anzahl bearbeiteter Werkstückseiten und der Anzahl Spannpratzen der Fertigungseinrichtung erfolgt die Bildung des Kennwertes bezüglich der Zangengreifereignung. Die Gesamtbewertung der Manipulatorgerechtheit durch den Kennwert KFG_{Manip} ergibt sich aus der Mittelwertbildung der Einzelkennwerte bezuglich der Rotator- und Zangengreifereignung.

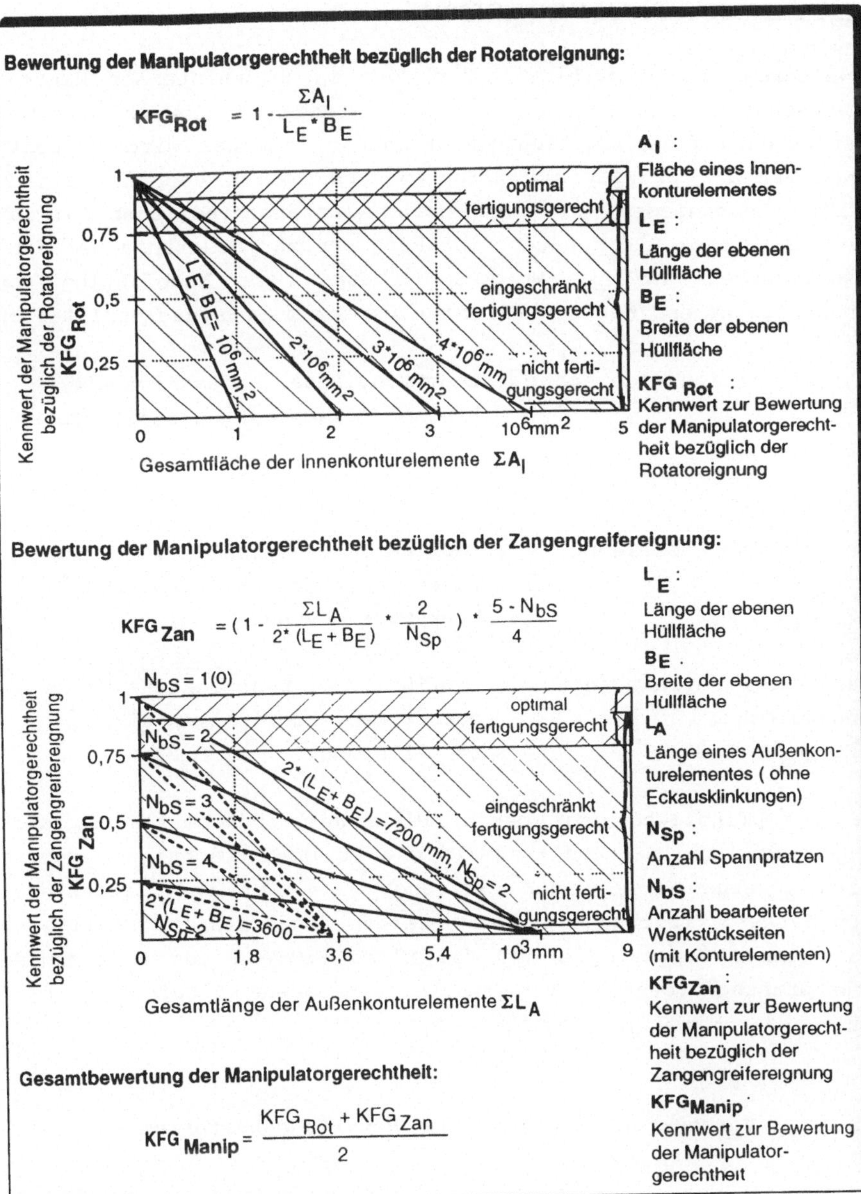

Bild 56: Ermittlung des Kennwertes zur Bewertung der Manipulatorgerechtheit von Blechwerkstucken hinsichtlich der ebenen Bearbeitung

<u>Einzelkriterium "Führungsgerechtheit"</u>

Ein weiteres Kriterium hinsichtlich der maschineninternen Handhabung beschreibt die Wechselbeziehung zwischen Blechwerkstück und Werkstückführung der Fertigungseinrichtung. Hierbei wird im praktischen Einsatz prinzipiell zwischen Kugelrollen und Kunststoffborsten unterschieden, die insbesondere unterschiedlichen Einfluß auf beschichtetes Blech haben. Der Kennwert zur Bewertung der Führungsgerechtheit $KFG_{Führ}$ wird somit durch die Kombination von Blechoberfläche und Werkstückfuhrung des Arbeitstisches ermittelt:

- optimal fertigungsgerecht: unempfindliche, unbeschichtete
  ($KFG_{Führ} = 1$)   Blechoberflache; Kunststoffborsten
                                   oder Kugelrollen als Werkstück-
                                   führung

- eingeschränkt fertigungs-   empfindliche, beschichtete Blech-
  gerecht: oberfläche; Kunststoffborsten als
  ($KFG_{Führ} = 0,6$)   Werkstuckfuhrung

- stark eingeschränkt ferti-   empfindliche, beschichtete Blech-
  gungsgerecht: oberfläche; Kugelrollen als Werk-
  ($KFG_{Führ} = 0,3$)   stückführung

Um eine empfindliche oder beschichtete Werkstückoberfläche durch den Handhabungsprozeß qualitativ nicht zu beeinträchtigen, sollte einerseits eine Fertigungseinrichtung mit einer oberflächenschonenden Werkstückführung eingesetzt werden. Andererseits stellt der Einsatz einer Schutzfolie auf dem Blech wahrend des Fertigungs- und Handhabungsprozesses eine werkstuckbezogene Alternative hinsichtlich der Führungsgerechtheit dar.

6.2.3.4   Verknüpfung der einzelnen Bewertungskriterien

Die Kennwerte der einzelnen Bewertungskriterien für die zweite Bewertungsstufe werden, wie in Bild 49 aus Abschnitt 6.2.3 dargestellt, sukzessiv zur Ermittlung des Gesamtkennwertes für die jeweils zu bewertenden Blechwerkstücke über Bewertungsanteile miteinander verknüpft. Zuvor sind hierzu für die einzelnen Bewertungskriterien die jeweiligen Kennwerte getrennt zu ermitteln. Danach erfolgt die Wertsynthese beziehungsweise Verdichtung der direkt ermittelten Kennwerte bezüglich den einzelnen Bewertungskriterien entsprechend der Strukturierung in Bereichs-, Klassen- und Einzelkriterien zu einem zusammengefaßten Kennwert für die Fertigungsgerechtheit. Die Zusammenfassung erfolgt über Bewertungsanteile für die einzelnen fertigungstechnischen Teilaspekte, das heißt für die einzelnen Bewertungskriterien und kann sich sowohl auf einige wenige als auch auf alle Bewertungskriterien der Fertigungsgerechtheit beziehen. Mit diesen Bewertungsanteilen hat der Anwender die Möglichkeit, aus der Gesamtheit der Kriterien entsprechend der Kriterienübersicht in Bild 48 aus Abschnitt 6.2.1 die für ihn besonders interessierenden Kriterien auszuwählen und zu gewichten. Somit kann der Anwender die unterschiedlichen Randbedingungen im Unternehmen berücksichtigen und das Bewertungsverfahren auf seinen spezifischen Anwendungsfall ausrichten.

Für die Ermittlung des Kennwertes der Fertigungsgerechtheit KFG, der sich aus unterschiedlichen normierten Bewertungsanteilen BW_i für die einzelnen Bewertungskriterien mit deren Kennwerten KFG_i zusammensetzt, gelten danach folgende Zusammenhänge, wie nachstehend für die Verknüpfung der Bereichskriterien dargestellt:

$$KFG = \sum KFG_i * BW_i$$

mit $\sum BW_i = 1$ KFG : Kennwert der Fertigungsgerechtheit

$0 \leq KFG_i \leq 1$ KFG_i: Kennwert des Bereichskriteriums i

$0 \leq BW_i \leq 1$ BW_i : Bewertungsanteil des Bereichs-

$0 \leq \sum KFG_i * BW_i \leq 1$ kriteriums i

Die Bewertungsanteile BW_i, die die Bedeutung der Fertigungsgerechtheit im gesamten ausgehend von eins auf die einzelnen Kriterien verteilen, können jeweils maximal den Wert eins annehmen und ergeben in Summe den Wert eins. Dadurch wird gewährleistet, daß entsprechend Abschnitt 6.2.1 auch bei der Verknüpfung der einzelnen Bewertungskriterien die verdichteten Kennwerte bezüglich der Fertigungsgerechtheit normiert im Intervall zwischen Null und eins liegen.

Die Verteilung der Bewertungsanteile auf die einzelnen Kriterien erfolgt mittels Gewichtungsfaktoren. Hierbei werden ausgehend von der Fertigungsgerechtheit im gesamten zunächst die Bereichskriterien und hiervon abgeleitet die Klassen- und Einzelkriterien entsprechend der dreistufigen Hierarchie für die Bewertungskriterien nach Arbeitsschritt 2 von Bild 49 in Abschnitt 6.2.3 gewichtet.
Für die Bereichskriterien erfolgt die Ermittlung der Bewertungsanteile BW_i durch Gewichtung der einzelnen Bereichskriterien mit den Gewichtungsfaktoren GF_i. Diese können Werte zwischen eins und vier einnehmen:

$$GF = \{1;\ 2;\ 3;\ 4\} \text{ mit}$$

1	:	unbedeutendes Kriterium
2	:	weniger wichtiges Kriterium
3	:	wichtiges Kriterium
4	:	sehr wichtiges Kriterium

Aufgrund der sinnvollerweise eingeschränkten Anzahl von Bewertungskriterien und aus Gründen der Übersichtlichkeit reicht die Gewichtung mit vier unterschiedlichen Faktoren aus. Mit weniger Gewichtungsfaktoren wäre wiederum eine genügend ausreichende Differenzierung bei der Gewichtung der Kriterien nicht möglich. Mittels dieser Gewichtungsfaktoren, die sich an die Methode der ganzheitlichen Bewertung "Singulärer Vergleich (Reference Comparison)" /102/ anlehnen, können unterschiedliche Gesichtspunkte bei der Bewertung innerhalb einzelner Unternehmen berücksichtigt werden. So können zum Beispiel die Gewichtungsfaktoren in Abhängigkeit von den mit den Kriterien in Zusammenhang stehenden Kostensätzen verteilt werden.
Die Bewertungsanteile, die die Normierung der Gewichtungsfaktoren darstellen, errechnen sich für die Bereichskriterien nach folgender Formel:

$$BW_i = \frac{GF_i}{\sum\limits_{x=1}^{n} GF_x}$$

BW_i : Bewertungsanteil des Bereichskriteriums i
GF_i : Gewichtungsfaktor des Bereichskriteriums i
n : Anzahl der Bereichskriterien

Die jeweilige Verteilung der Bewertungsanteile BW_i der Bereichskriterien auf die Bewertungsanteile BW_{ij} von deren Klassenkriterien erfolgt wieder durch Gewichtung der Klassenkriterien eines
Bereichskriteriums untereinander mit den Gewichtungsfaktoren GF_{ij}.
Diese Faktoren GF_{ij} können entsprechend den Faktoren GF_i Werte
zwischen eins - unbedeutendes Klassenkriterium - und vier - sehr
wichtiges Klassenkriterium - einnehmen. Die Bewertungsanteile für
die Klassenkriterien werden somit nach folgender Vorschrift
ermittelt:

$$BW_{ij} = BW_i * \frac{GF_{ij}}{\sum\limits_{y=1}^{m} GF_{iy}} = \frac{GF_i}{\sum\limits_{x=1}^{n} GF_x} * \frac{GF_{ij}}{\sum\limits_{y=1}^{m} GF_{iy}}$$

BW_i : Bewertungsanteil des Bereichskriteriums i
BW_{ij} : Bewertungsanteil des Klassenkriteriums ij
GF_i : Gewichtungsfaktor des Bereichskriteriums i
GF_{ij} : Gewichtungsfaktor des Klassenkriteriums ij
n   : Anzahl der Bereichskriterien
m   : Anzahl der Klassenkriterien pro Bereichskriterium

Innerhalb der Klassenkriterien erfolgt die Verteilung der Bewertungsanteile wieder durch Gewichtung der Einzelkriterien untereinander mit den Faktoren GF_{ijk}, die ebenso Werte zwischen eins
und vier einnehmen können. Für die Bewertungsanteile der Einzelkriterien gilt entsprechend folgender Zusammenhang:

$$BW_{ijk} = BW_{ij} * \frac{GF_{ijk}}{\sum\limits_{z=1}^{o} GF_{ijz}} = \frac{GF_i}{\sum\limits_{x=1}^{n} GF_x} * \frac{GF_{ij}}{\sum\limits_{y=1}^{m} GF_{iy}} * \frac{GF_{ijk}}{\sum\limits_{z=1}^{o} GF_{ijz}}$$

BW_i : Bewertungsanteil des Bereichskriteriums i
BW_{ij} : Bewertungsanteil des Klassenkriteriums ij
BW_{ijk} : Bewertungsanteil des Einzelkriteriums ijk
GF_i : Gewichtungsfaktor des Bereichskriteriums i
GF_{ij} : Gewichtungsfaktor des Klassenkriteriums ij
GF_{ijk} : Gewichtungsfaktor des Einzelkriteriums ijk

n   : Anzahl der Bereichskriterien

m   : Anzahl der Klassenkriterien pro Bereichskriterium

o   : Anzahl der Einzelkriterien pro Klassenkriterium

Durch strukturiertes und systematisches Zusammenstellen der relevanten Bewertungskriterien entsteht aufbauend auf dem Kriterienbaum von Bild 46 in Abschnitt 6.2.1 zusammen mit den Bewertungsanteilen und den Gewichtungsfaktoren das anwendungsspezifische Bewertungsschema wie in **Bild 57** dargestellt.

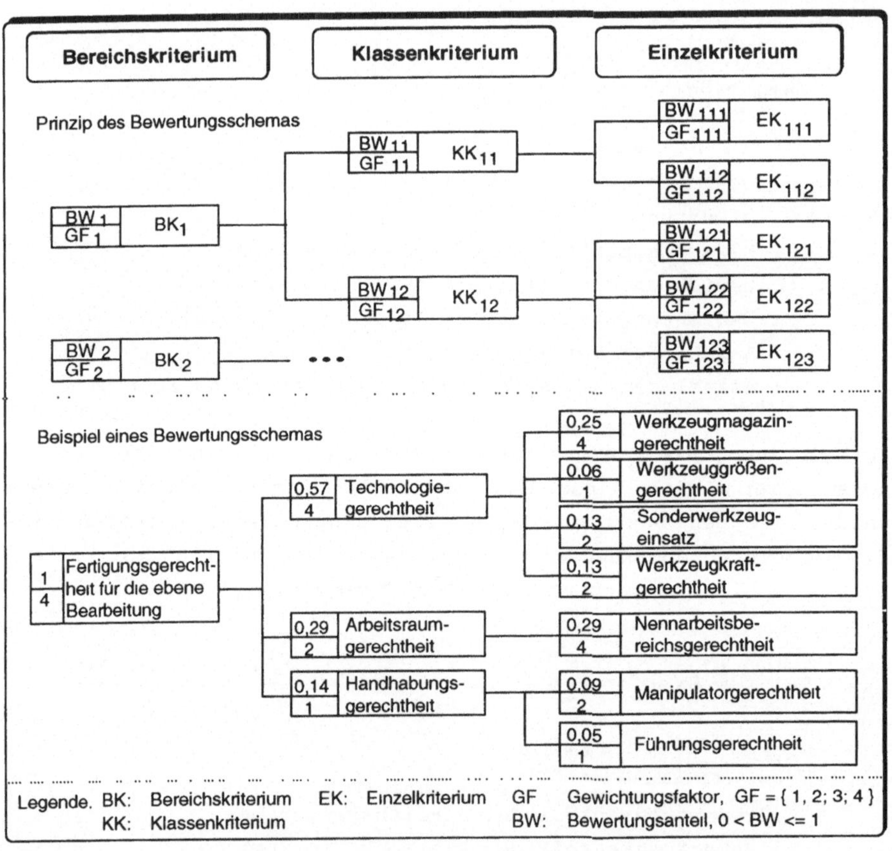

Bild 57:   Bewertungsschema

Die Ermittlung der Kennwerte für die einzelnen Kriterien der Fertigungsgerechtheit ist im folgenden zusammengefaßt:

Kennwerte der Einzelkriterien: $KFG_{ijk} = f\ (WM,\ FM)$

Kennwerte der Klassenkriterien: $KFG_{ij}\ \ = \sum KFG_{ijk} * BW_{ijk}$

Kennwerte der Bereichskriterien: $KFG_i\ \ \ = \sum KFG_{ij} * BW_{ij}$

Kennwert der Fertigungsgerechtheit: $KFG\ \ \ = \sum KFG_i * BW_i$

Während der Kennwert KFG der Fertigungsgerechtheit in einem Gesamtwerkstückspektrum für ein Blechwerkstück nur einmalig, die Kennwerte KFG_i für jedes Bereichskriterium berechnet werden, gibt es mehrere Kennwerte KFG_{ij} für die Klassenkriterien und eine Vielzahl von Kennwerten KFG_{ijk}, die die Einzelkriterien beschreiben. Für eine übersichtliche Darstellung der Kriterienkennwerte wurde die in **Bild 58** am Beispiel der Bereichskriterien für ein Blechwerkstück gezeigte Möglichkeit gewählt. Hierbei werden die einzelnen Kennwerte in Form eines Balkendiagramms dargestellt. So gibt es Kennwerte für alle Blechwerkstücke eines Blechteilespektrums, die die Basis zur Verbesserung der Fertigungsgerechtheit darstellen.

Kriterium	Bewertungs-anteil	Kennwert der Fertigungsgerechtheit KFG
ebene Bearbeitung	0,4	
Biege-bearbeitung	0,3	
Material-fluß	0,3	
Gesamt-kennwert	1	

Bild 58:   Bewertungsprofil bei der Bewertung der Fertigungsgerechtheit von Blechwerkstucken - Bereichskriterien

7 Entwicklung eines Verfahrens zur Verbesserung der Fertigungsgerechtheit von Blechwerkstücken

7.1 Vorgehensweise bei der Verbesserung der Fertigungsgerechtheit

Aufbauend auf der Bewertung der Fertigungsgerechtheit sowohl einzelner Blechwerkstücke als auch eines gesamten Blechteilespektrums erfolgt entsprechend der Systematik und dem Aufbau des Verfahrens zur Bewertung und Verbesserung der Fertigungsgerechtheit von Blechwerkstücken die Aufgabe der Verbesserung der Fertigungsgerechtheit der Blechwerkstücke. Hierzu werden in einem ersten Schritt anhand der ermittelten Kennwerte für die in Kapitel 6 erarbeiteten Bewertungskriterien die Verbesserungspotentiale in bezug auf die Fertigungsgerechtheit ermittelt. Die Verbesserungspotentiale ergeben sich aus den unzureichend erfüllten Kriterien. Die Ermittlung dieser relevanten, die Fertigungsgerechtheit beeinträchtigenden Kriterien mit den damit verbundenen Werkstückmerkmalen ist notwendige Voraussetzung, um in einem nächsten Schritt mit einer gezielten Anwendung der in Kapitel 5 entwickelten Gestaltungsregeln zur fertigungsgerechten Konstruktion von Blechwerkstücken zu einer Verbesserung der Fertigungsgerechtheit zu gelangen. Somit ist nach Ermittlung der Verbesserungspotentiale hinsichtlich der Fertigungsgerechtheit der Blechwerkstücke eine gezielte Verbesserung der Fertigungsgerechtheit möglich. Eine erneute Bewertung ermöglicht dann die Beurteilung der mit den Verbesserungsmaßnahmen verbundenen Auswirkungen.

7.2 Ermittlung von Verbesserungspotentialen hinsichtlich der Fertigungsgerechtheit von Blechwerkstücken

Als Ergebnis des Verfahrens zur Bewertung der Fertigungsgerechtheit von Blechwerkstücken für die flexible Blechteilefertigung erhält man entsprechend der jeweiligen Kriteriumsstufe des Bewertungsschemas von Bild 57 aus Abschnitt 6.2.3.4 für die Kriterien Kennwerte, welche im Vergleich zueinander unterschiedliche Größen haben. Je niedriger diese Kennwerte sind, desto weniger fertigungsgerecht ist das Blechwerkstück gestaltet. Die Vergleichbarkeit ist bezogen auf ein vom Anwender vorgegebenes Spektrum an Fertigungseinrichtungen bei Anwendung des selben Bewertungsschemas für die einzelnen Blechwerkstücke und der Kriterien gegeben.

Zur Ermittlung der Verbesserungspotentiale werden zuerst die Blechwerkstücke mit eingeschränkter beziehungsweise unzureichender Fertigungsgerechtheit anhand des Gesamtkennwertes ermittelt. Hierbei weisen niedrige Gesamtkennwerte für Blechwerkstücke wie in **Bild 59** dargestellt auf Verbesserungspotentiale in bezug auf die Fertigungsgerechtheit im gesamten hin, das heißt unter Berücksichtigung der Bereiche ebene Bearbeitung, Biegebearbeitung und Materialfluß. Somit sind die Blechwerkstücke mit unzureichend erfüllten Kriterien, das heißt mit Kennwerten, die im Bereich der eingeschränkten Fertigungsgerechtheit entsprechend Bild 45 aus Kapitel 6 liegen, umzugestalten.

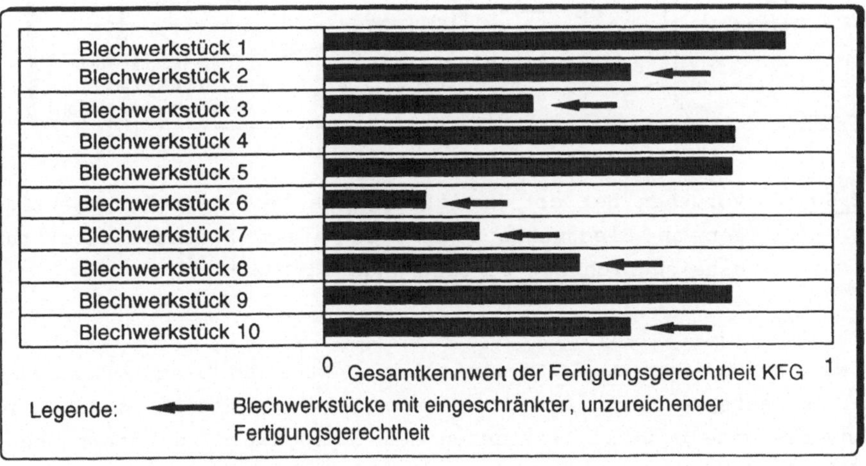

Bild 59:   Ermittlung von Blechwerkstucken mit eingeschränkter Fertigungsgerechtheit

Für die einzelnen unzureichend fertigungsgerecht gestalteten Blechwerkstücke aus einem Blechteilespektrum werden entsprechend **Bild 60** ausgehend vom Gesamtkennwert der Fertigungsgerechtheit über die Bereichs-, Klassen- und Einzelkriterien entgegengerichtet des Bewertungsvorgangs die Bewertungskriterien ermittelt, die für die Abwertung verantwortlich sind. Die Ermittlung der durch das zu untersuchende Blechwerkstück unzureichend erfüllten Kriterien erfolgt über die Kennwerte der einzelnen Kriterien entsprechend der Ermittlung der Blechwerkstücke mit eingeschränkter Fertigungsgerechtheit.

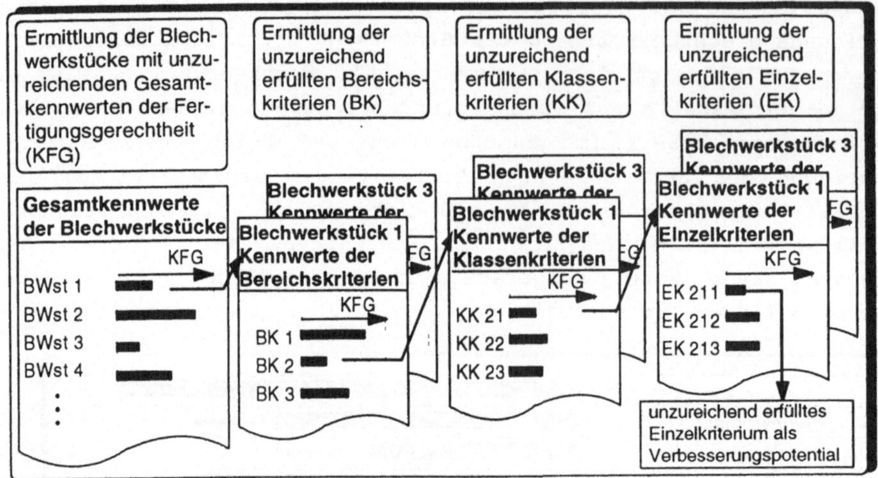

Bild 60:   Vorgehen bei der Ermittlung von Verbesserungspotentialen an Blechwerkstücken aus einem Blechteilespektrum hinsichtlich der Fertigungsgerechtheit

Bei Werkstückspektren mit einer hohen Anzahl an Blechwerkstücken kann es entsprechend dem ABC-Denken auch sinnvoll sein, die Blechwerkstücke nach statistischen Gesichtspunkten zu untersuchen, so daß das Verhältnis der Blechwerkstücke eines vom Anwender vorgegebenen Werkstückspektrums untereinander hinsichtlich der Fertigungsgerechtheit berücksichtigt wird. Hierbei werden entsprechend dem linken Schaubild von **Bild 61** durch Sortieren der Blechwerkstücke nach steigendem Kennwert der Fertigungsgerechtheit entsprechend einer ABC-Verteilung die Blechwerkstücke mit der geringsten Fertigungsgerechtheit ermittelt, für die dann zuerst Maßnahmen zur Verbesserung abzuleiten sind.

Da der fertigungstechnische Aufwand in Summe eng mit den organisatorischen Werkstückmerkmalen über die Mengenangabe wie Jahresstückzahl, Losgröße oder Losanzahl, die sich aus dem Quotient aus Jahresstückzahl und Losgröße ergibt, verknüpft ist, kann es auch sinnvoll sein, die Kennwerte der Fertigungsgerechtheit mit diesen Merkmalen zu verknüpfen, wie es anhand der Losanzahl im rechten Schaubild von Bild 61 dargestellt ist. Hierbei stellen Blechwerkstücke mit kleinen Kennwerten der Fertigungsgerechtheit und großer Losanzahl pro Jahr - im rechten Schaubild von Bild 61 als Maß für die "mengenbezogene Fertigungsungerechtheit LZ * (1 - KFG)" bezeichnet - ein großes Potential bei der Verbesserung der Fertigungsgerechtheit dar, so daß für diese Blechwerkstücke zuerst Maßnahmen zur Verbesserung der Fertigungsgerechtheit abzuleiten sind.

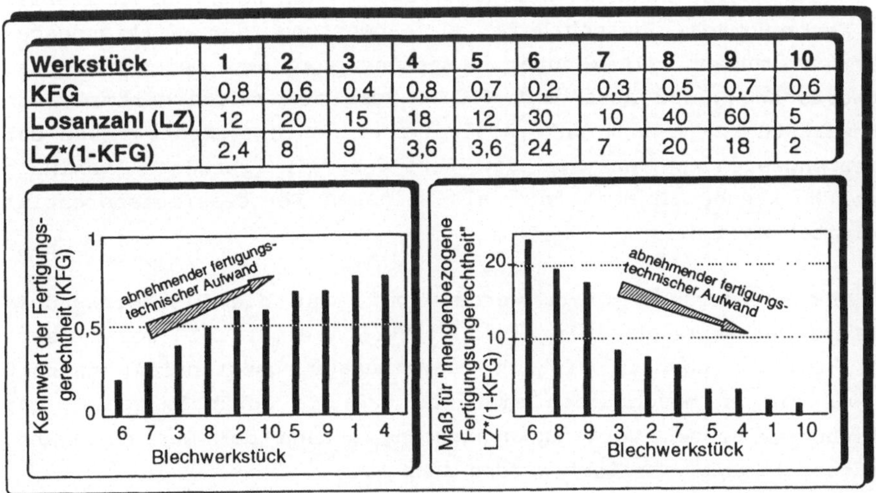

Werkstück	1	2	3	4	5	6	7	8	9	10
KFG	0,8	0,6	0,4	0,8	0,7	0,2	0,3	0,5	0,7	0,6
Losanzahl (LZ)	12	20	15	18	12	30	10	40	60	5
LZ*(1-KFG)	2,4	8	9	3,6	3,6	24	7	20	18	2

Bild 61:   Ermittlung von Verbesserungspotentialen an Blechwerkstücken nach statistischen Gesichtspunkten

Aufgrund der systematischen Vorgehensweise bei der Bewertung kann entsprechend Bild 59 bei jedem untersuchten Blechwerkstück eines Blechteilespektrums im Detail uberpruft werden, welche Einzelkriterien hinsichtlich der Fertigungsgerechtheit unzureichend erfüllt werden und welche speziellen Merkmale der Blechwerkstücke und der Fertigungseinrichtungen die Fertigungsgerechtheit negativ beeinflussen. Somit ermöglicht der Umkehrschluß aus den Kennwerten der Einzelkriterien, die die jeweils beeinflussenden Merkmale von Blechwerkstück und Fertigungseinrichtung miteinander verknüpfen, die Ermittlung relevanter Merkmale und deren Ausprägungen, die konkret zur Abwertung der Fertigungsgerechtheit geführt haben. So kann ein Blechwerkstück bezüglich der Bereichskriterien Biegebearbeitung und Materialfluß fertigungsgerecht gestaltet sein, wobei das Bereichskriterium ebene Bearbeitung jedoch einen geringen Kennwert aufweist. Beispielsweise kann die Detaillierung dieses Bereichskriteriums über das Klassenkriterium Werkzeuggerechtheit bis hin zu den Einzelkriterien hierbei ergeben, daß das Einzelkriterium Sonderwerkzeugeinsatz mit einem kleinen Kennwert aufgrund der hohen Anzahl an Sonderkonturelementen zur Abwertung geführt hat. Würde darüberhinaus beispielsweise auch noch das Kriterium der Werkzeugmagazingerechtheit zur Abwertung der Fertigungsgerechtheit führen, so könnten ausgehend von der Definition des Kennwerts KW_{Mag} aus Abschnitt 6.2.3.1 die relevanten Merkmale von Blechwerkstück - Anzahl unterschiedlicher Konturelemente - und der korrespondierenden Merkmale der Fertigungseinrichtung - maximale Anzahl Werkzeuge im Magazin - als weiteres Verbesserungspotential abgeleitet werden.

Die Verbesserungspotentiale werden somit für die Blechwerkstücke über die Kennwerte der einzelnen Kriterien ermittelt, wobei festgestellt wird, weshalb es sich um Verbesserungspotentiale handelt und wie sie zu beschreiben sind, so daß sie durch Maßnahmen zur fertigungsgerechten Werkstückgestaltung anhand der Gestaltungsregeln gezielt umkonstruiert werden konnen.

7.3 Ableitung von Maßnahmen zur Verbesserung der Fertigungsgerechtigkeit von Blechwerkstücken

Aufbauend auf der Ermittlung der Einzelkriterien und Werkstückmerkmale, die konkret zur Abwertung der Fertigungsgerechtheit geführt haben, das heißt Kriterien mit kleinen Kennwerten, erfolgt die Ableitung von Maßnahmen zur Verbesserung der Fertigungsgerechtheit. Zur gezielten Ausschopfung der Verbesserungspotentiale am Blechwerkstück hinsichtlich der Fertigungsgerechtheit durch

konstruktive Maßnahmen sind die in Abschnitt 5.2.2 zusammengestellten Gestaltungsregeln für die fertigungsgerechte Konstruktion
von Blechwerkstücken anzuwenden. Hierbei ermöglicht die Strukturierung der Gestaltungsregeln eine Zuordnung der Bewertungskriterien zu den Gestaltungsregeln, so daß zur Verbesserung der Fertigungsgerechtheit nur ein Teil der Gestaltungsregeln beachtet werden muß, wie es in **Bild 62** anhand der Zuordnungstabelle zur
gezielten Anwendung der Gestaltungsregeln aus Bild 41, 42 und 43
von Abschnitt 5.2.2 gezeigt ist.

Bewertungskriterium - ebene Bearbeitung:	➡ Gestaltungsregel			
Werkzeugmagazingerechtheit	1.1.1	1.1.2	1.1.5	1.1.7
Werkzeuggrößengerechtheit	1.1.4	1.1.8		
Sonderwerkzeugeinsatz	1.1.1	1.1.5		
Werkzeugkraftgerechtheit	1.1.3	1.1.8		
Gewichtsgerechtheit	1.2.4	1.3.6		
Abmessungsgerechtheit	1.2.1	1.2.2		
Nennarbeitsbereichsgerechtheit	1.2.3	1.2.5		
Manipulatorgerechtheit	1.3.1	1.3.2	1.3.3	
Führungsgerechtheit	1.3.9			
Bewertungskriterium - Biegebearbeitung:	➡ **Gestaltungsregel**			
Biegewerkzeugeinsatz	2.1.2	2.1.7	2.1.21	
Niederhaltergerechtheit	2.1.15	2.1.16	2.1.17	2.1.18
Biegekraftgerechtheit	2.1.1	2.1.13	2.1.14	
Biegeradiusgerechtheit	2.1.10	2.1.11	2.1.12	
Schenkelhöhengerechtheit	2.1.9			
Platinenabmessungsgerechtheit	2.2.1	2.3.1		
Profilgrößengerechtheit	2.2.4	2.2.5		
Gewichtsgerechtheit	2.2.2	2.3.2		
Greifer- / Anschlaggerechtheit	2.3.10			
Manipulatorgerechtheit	2.3.3	2.3.4	2.3.6	
Führungsgerechtheit	2.3.7	2.3.8		

Bild 62: Zuordnungstabelle zur Anwendung der Gestaltungsregeln:
Ebene Bearbeitung, Biegebearbeitung (Teil 1)

Bewertungskriterium - Materialfluß: ➡	Gestaltungsregel			
Geometrische Greifergerechtheit	3.1.4	3.1.5		
Prinzipielle Greifergerechtheit	3.1.1	3.1.7		
Manuelle Handhabungsgerechtheit	3.1.3	3.1.6		
Abmessungsgerechtheit	3.2.2	3.2.3	3.2.7	
Rollenbahngerechtheit	3.2.8			
Oberflächengerechtheit	3.2.5			
Stapelstabilität	3.2.1	3.3.1		
Raumausnutzung	3.3.2	3.3.5		

Bild 62:   Zuordnungstabelle zur Anwendung der Gestaltungsregeln: Materialfluß (Teil 2)

Wenn beispielsweise das Einzelkriterium Werkzeugmagazingerechtheit für die ebene Bearbeitung unzureichend erfüllt ist, wird als eine Maßnahme zur Verbesserung der Fertigungsgerechtheit die Gestaltungsregel 1.1.1 von Bild 41 aus Abschnitt 5.2.2 "Innenkonturelemente standardisieren" abgeleitet.

Die Überprüfung der Auswirkungen durch die Umsetzung der Maßnahmen zur Verbesserung der Fertigungsgerechtheit von Blechwerkstücken erfolgt in einem Iterationsschritt durch eine erneute Bewertung entsprechend der in **Bild 63** beschriebenen Vorgehensweise zur Verbesserung der Fertigungsgerechtheit.

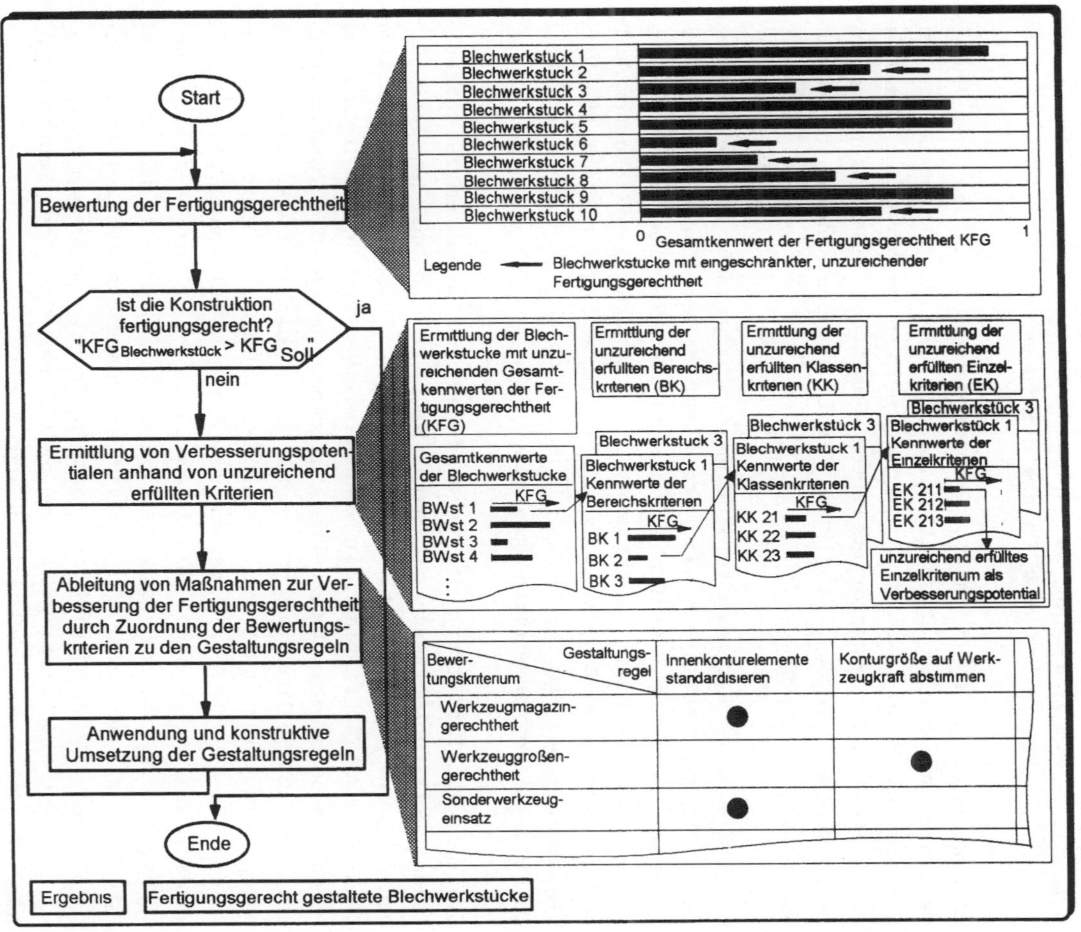

Bild 63: Vorgehensweise zur Verbesserung der Fertigungsgerechtheit von Blechwerkstucken

8.1 Möglichkeiten zur anwenderorientierten Umsetzung und EDV-technischen Unterstützung

Entsprechend den in Abschnitt 3.2 aufgestellten allgemeinen Anforderungen und den in Abschnitt 6.1.1 dargestellten speziellen Anforderungen an die Bewertungsmethode werden im folgenden die Möglichkeiten zur anwenderorientierten Umsetzung des Verfahrens zur Bewertung und Verbesserung der Fertigungsgerechtheit von Blechwerkstücken aufgezeigt.

Mit Hilfe einer Rechnerunterstützung fur unterschiedliche Aufgaben innerhalb des Verfahrens wird trotz der großen Menge an zu verarbeitenden Daten eine einfache und schnelle Anwendung und eine Entlastung des Anwenders gewährleistet. Durch den formalisierten Aufbau der einzelnen Bewertungskriterien und die systematisierte Vorgehensweise bei der Bewertung lassen sich die einzelnen Aufgaben in modulare Programmpakete umsetzen.

Die manuelle Ermittlung der notwendigen, im Verfahren zu bearbeitenden Werkstückmerkmale mit deren Auspragungen aus den Zeichnungen ist mit großem Zeitaufwand verbunden. Durch den verstärkten Einsatz von CAD-Systemen in den Bereichen der Konstruktion von blechverarbeitenden Unternehmen besteht jedoch die Möglichkeit, die Werkstuckmerkmale rechnergestützt zu ermitteln. Hierzu werden unter Berücksichtigung von Standard-Schnittstellen wie beispielsweise IGES oder DXF, die nahezu von allen CAD-Systemen unterstützt werden, die relevanten Werkstückmerkmale mit deren Ausprägungen direkt und automatisch aus den CAD-Daten ermittelt und in einer Datenbank zur weiteren Verarbeitung abgespeichert. Ergänzend können in den CAD-Daten nicht vorhandene Werkstückmerkmale rechnergestützt über Stücklistenprogramme oder interaktiv über Benutzereingaben in der Werkstückdatei abgelegt werden.

Hierauf greifen dann die in programmierten Algorithmen umgesetzten Bewertungskriterien zu. Die Aufstellung des anwendungsorientierten Bewertungsschemas nach Bild 57 aus Abschnitt 6.2.3.4 erfolgt in übersichtlicher Form interaktiv über die Auswahl der Bewertungs-

kriterien und die Vergabe der Gewichtungsfaktoren. Gegebenenfalls
können auf diesem Wege auch zusätzliche Bewertungskriterien definiert und in das Programmpaket integriert werden. Entsprechend der
hierarchischen Strukturierung der Kriterien nach Bild 46 aus Abschnitt 6.2.1 sind mit einem Rechnerprogramm die Kennwerte zur Bewertung der Fertigungsgerechtheit entsprechend dem unterschiedlichen Detaillierungsgrad schnell und leicht zu ermitteln. Dadurch
ermöglicht die programmtechnische Umsetzung eine direkte rechnerunterstützte Ermittlung der konstruktiven Verbesserungspotentiale
am Blechwerkstück in bezug auf die Fertigungsgerechtheit.

Die erarbeiteten Gestaltungsregeln von Bild 41 bis 43 aus Abschnitt 5.2.2 mit deren systematisierter Strukturierung ermöglichen eine leichte Übertragbarkeit in ein modulares Programmpaket.
Das gezielte Ableiten von Maßnahmen zur Verbesserung der Fertigungsgerechtheit erfolgt durch eine programmtechnische Umsetzung
der Zuordnungstabelle entsprechend Bild 62 aus Abschnitt 7.3 von
den unzureichend erfüllten Bewertungskriterien zu den Gestaltungsregeln.

Nach durchgeführter Bewertung ist es zweckmäßig, die Ergebnisse,
das heißt die errechneten Kennwerte der einzelnen Bewertungskriterien, für die jeweiligen Blechwerkstücke zusätzlich in einer Datei
abzulegen, auf die dann die Arbeitsvorbereitung bei der Zuordnung
von Blechwerkstücken zu Fertigungseinrichtungen im Rahmen der Arbeitsplanerstellung zurückgreifen kann.

In **Bild 64** wird ein Überblick über die Aufbaustruktur eines Pro-
grammsystems zur anwenderorientierten Umsetzung und EDV-technischen Unterstützung des Verfahrens zur Bewertung und Verbesserung
der Fertigungsgerechtheit von Blechwerkstucken gegeben. Der modulare Aufbau gliedert sich entsprechend der Systematik und dem Aufbau des Verfahrens zur Bewertung und Verbesserung der Fertigungsgerechtheit von Blechwerkstücken nach Abschnitt 3.3 in Merkmals-
und Regelbasis, Bewertung und Verbesserung der Fertigungsgerechtheit.

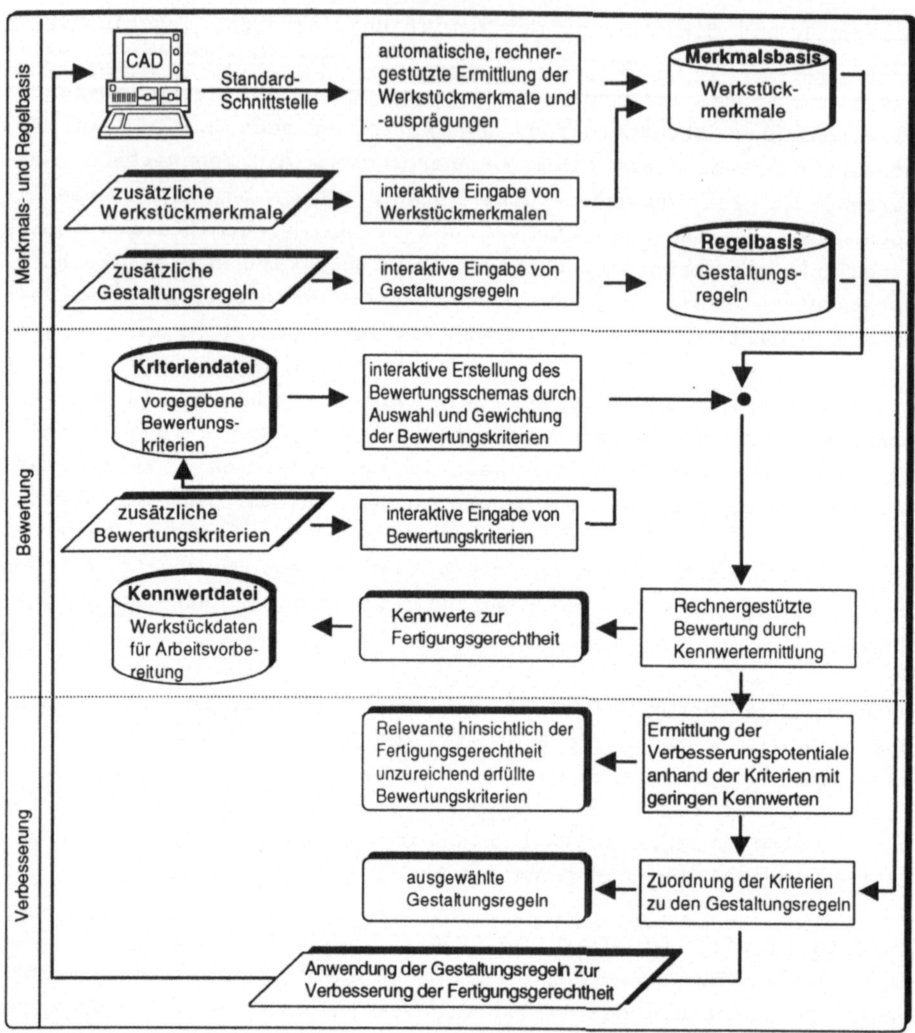

Bild 64: Aufbau für ein Programmsystem zur anwenderorientierten Umsetzung und EDV-technischen Unterstützung des Verfahrens zur Bewertung und Verbesserung der Fertigungsgerechtheit von Blechwerkstücken

Im folgenden wird die Anwendung des entwickelten Verfahrens zur Bewertung und Verbesserung der Fertigungsgerechtheit von Blechwerkstücken beispielhaft an repräsentativen Werkstückspektren aus dem Großbackanlagen- und Schaltschrankbau gezeigt, wobei einerseits die fertigungstechnisch herstellbaren Werkstücke weiter verbessert und andererseits die nicht herstellbaren Werkstücke herstellbar gemacht werden. Zunächst erfolgt die Vorstellung des detaillierten Vorgehens bei der Anwendung an einem repräsentativen Blechwerkstück. Weiter wird der Nutzen des Verfahrens anhand der Beurteilung der Ergebnisse bezuglich des fertigungstechnischen Aufwandes in Form von Fertigungszeit und Kosten dargestellt.

8.2 Anwendung an einem repräsentativen Blechwerkstück

Die detaillierte Anwendung des entwickelten Verfahrens erfolgt am Beispiel des im Rahmen einer Werkstuckanalyse aus einem Blechteilespektrum des Großbackanlagenbaus ausgewählten, hinsichtlich der Grobgeometrie, der Konturelemente und des Biegeprofils repräsentativen, in **Bild 65** gezeigten Blechwerkstücks 'Ventilatorwand'. Hierzu werden zunächst die relevanten Merkmale und Ausprägungen der Ventilatorwand und einer im industriellen Einsatz weit verbreiteten Stanz-Nibbel-Maschine zusammengestellt. Die Merkmale und Ausprägungen der 'Ventilatorwand' gliedern sich in die werkstückbezogenen Merkmalsklassen Grobgeometrie, Innenkontur, Außenkontur, Materialgüte und Oberfläche. Die aus den technischen Datenblättern der ausgewählten Stanz-Nibbel-Maschine entnommenen, in **Bild 66** zusammengestellten fertigungstechnischen Merkmale und Ausprägungen sind in die Merkmalsklassen Technologie, Arbeitsraum und maschineninterne Handhabung gegliedert.
Die Prüfung der grundsätzlichen fertigungstechnischen Herstellbarkeit der Ventilatorwand in bezug auf die ausgewählte Stanz-Nibbel-Maschine erfolgt mit der ersten Bewertungsstufe anhand der Ausschlußkriterien Gewichtsgerechtheit und Abmessungsgerechtheit wie in **Bild 67** dargestellt. Da die Auspragungen der hinsichtlich der Ausschlußkriterien relevanten Werkstuckmerkmale die fertigungstechnischen Grenzen der Stanz-Nibbel-Maschine nicht uberschreiten, wird die Ventilatorwand in der Bewertungsstufe 1 als 'fertigungstechnisch herstellbar' bewertet.

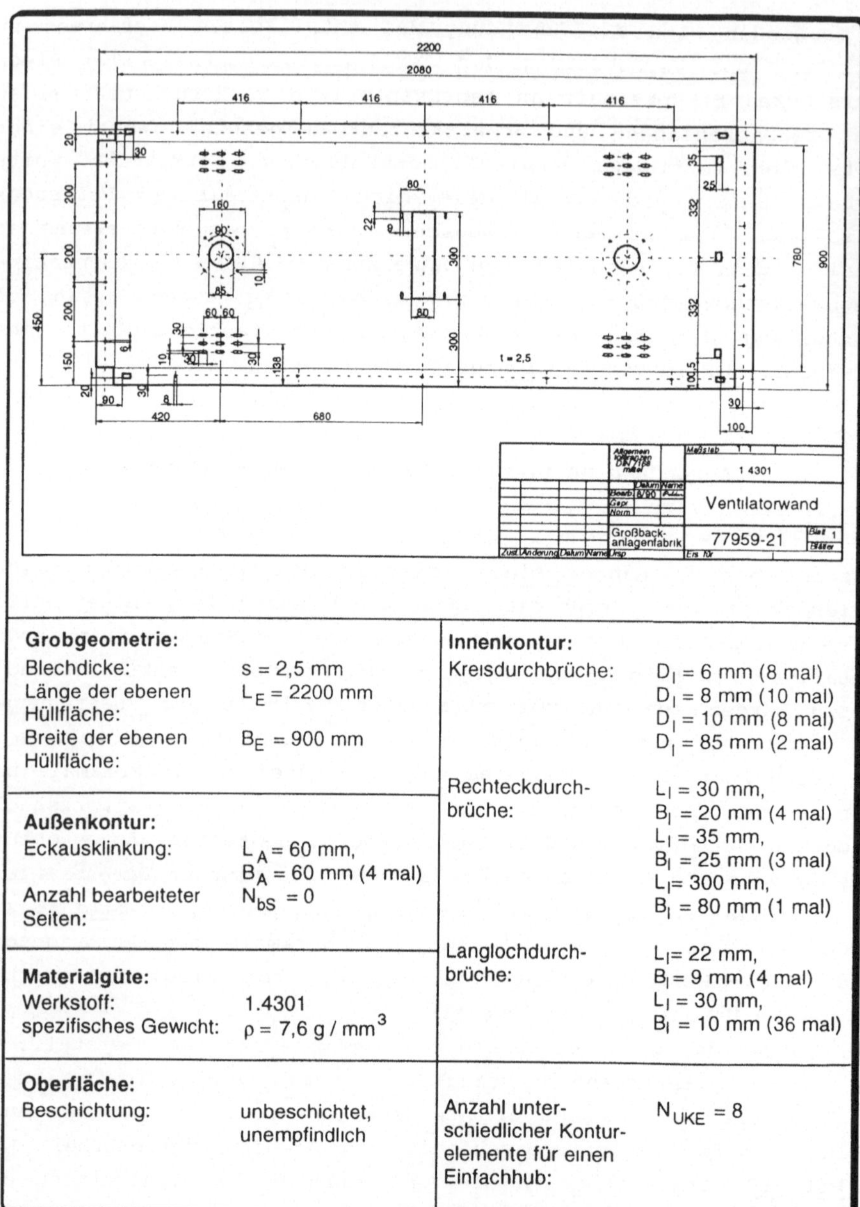

Grobgeometrie:		**Innenkontur:**	
Blechdicke:	$s = 2{,}5$ mm	Kreisdurchbrüche:	$D_I = 6$ mm (8 mal)
Länge der ebenen Hüllfläche:	$L_E = 2200$ mm		$D_I = 8$ mm (10 mal)
			$D_I = 10$ mm (8 mal)
Breite der ebenen Hüllfläche:	$B_E = 900$ mm		$D_I = 85$ mm (2 mal)
		Rechteckdurchbrüche:	$L_I = 30$ mm, $B_I = 20$ mm (4 mal)
Außenkontur:			$L_I = 35$ mm,
Eckausklinkung:	$L_A = 60$ mm, $B_A = 60$ mm (4 mal)		$B_I = 25$ mm (3 mal)
Anzahl bearbeiteter Seiten:	$N_{bS} = 0$		$L_I = 300$ mm, $B_I = 80$ mm (1 mal)
Materialgüte:		Langlochdurchbrüche:	$L_I = 22$ mm, $B_I = 9$ mm (4 mal)
Werkstoff:	1.4301		$L_I = 30$ mm,
spezifisches Gewicht:	$\rho = 7{,}6$ g / mm^3		$B_I = 10$ mm (36 mal)
Oberfläche:			
Beschichtung:	unbeschichtet, unempfindlich	Anzahl unterschiedlicher Konturelemente für einen Einfachhub:	$N_{UKE} = 8$

Bild 65: Zusammenstellung der werkstückbezogenen Merkmale und Ausprägungen am Beispiel des Blechwerkstücks 'Ventilatorwand'

Arbeitsraum:

maximale Länge:	$L_{PA\,max}$	= 2500 mm
maximale Breite:	$B_{PA\,max}$	= 1250 mm
maximale Diagonale:	$D_{PA\,max}$	= 2795 mm
maximale Arbeitstisch-belastung:	$M_{T\,max}$	= 100 kg
Verfahrweg in x-Richtung:	s_x	= 2000 mm
Verfahrweg in y-Richtung:	s_y	= 1000 mm

Maschineninterne Handhabung:

Anzahl Spannpratzen:	N_{Sp}	= 4
Spannpratzenabstand:	x_{Sp}	= 200-800 mm
Rückschwenkbare Spannpratzen:		ja
Spannkraft:	F_S	= 1 kN
Nachsetzweg:	s_{Ns}	= 250 mm
Positioniergenauigkeit:	X_{pos}, Y_{pos}	= ± 0,1 mm
Greiferprinzip:		Zangengreifer
min. Platinenlänge	$L_{P\,min}$	= 250 mm
min. Platinenbreite.	$B_{P\,min}$	= 250 mm
max. Tragfähigkeit:	M_{max}	= 100 kg
Drehgeschwindigkeit.		-
Positioniergeschwindigkeit:	v_{pos}	= 35 m/min
Nachsetzgeschwindigkeit	v_{Ns}	= 35 m/min
Werkstückführung:		Kugelrollen
maximale Länge für Kleinteile.	$L_{K\,max}$	= 300 mm
maximale Breite für Kleinteile	$B_{K\,max}$	= 300 mm

Technologie:

maximale Stanzkraft	$F_{S\,max}$	= 250 kN
maximale Blechdicke.	s_{max}	= 6,4 mm
max./min. Stanzdurchmesser.	$D_{S\,max}$	= 76 mm
max. Anzahl Werkzeuge	$N_{WZ\,max}$	= 10
Werkzeugwechselzeit	t_{WZ}	= 7 s
max. Werkzeugdrehwinkel·	$W_{WZ\,max}$	= 360°
Hubfrequenz (Nibbeln)	$f_{H,N}$	= 350 min^{-1}
Hubfrequenz (Stanzen, Lochen)·	$f_{H,S}$	= 200 min^{-1}

Bild 66: Zusammenstellung der fertigungsbezogenen Merkmale und Ausprägungen am Beispiel der Fertigungseinrichtung zur ebenen Bearbeitung 'Stanz-Nibbel-Maschine'

Die Verknüpfung der Bewertungskriterien für die Bewertungsstufe 2 ist anhand des Bewertungsschemas in Bild 67 dargestellt, für dessen Einzelkriterien die jeweiligen Kennwerte ermittelt werden. Die im Bewertungsprofil von **Bild 68** dargestellte Bewertung ergibt einen Gesamtkennwert von 0,55. Die Ermittlung der Verbesserungspotentiale anhand der drei Kriterien mit den geringsten Kennwerten weist auf die Werkzeugmagazingerechtheit, die Werkzeuggrößengerechtheit und die Werkzeugkraftgerechtheit hin, wobei die beiden letztgenannten Bewertungskriterien mit einem Kennwert von 0,75 noch relativ gut zu bewerten sind.

Eine Verbesserung wäre hierbei nur durch eine Verkleinerung der beiden Kreisdurchbrüche mit 85 mm Durchmesser und des Rechtecks mit 300 mm x 80 mm erzielbar, was jedoch aus funktionalen Gründen für dieses Blechwerkstück nicht umsetzbar ist.

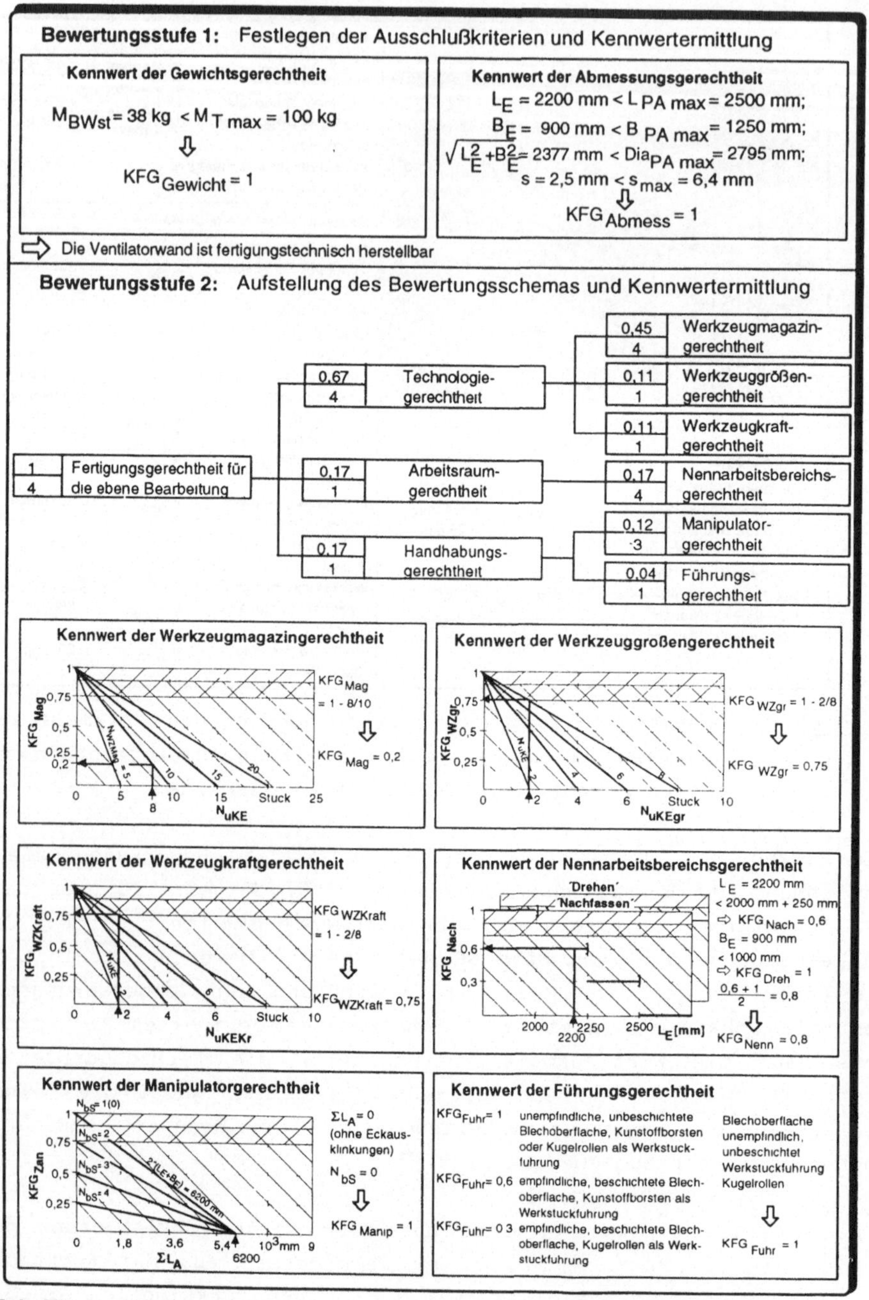

Bewertungsstufe 1: Festlegen der Ausschlußkriterien und Kennwertermittlung

Kennwert der Gewichtsgerechtheit

$$M_{BWst} = 38\ kg\ < M_{T\ max} = 100\ kg$$

$$\Downarrow$$

$$KFG_{Gewicht} = 1$$

Kennwert der Abmessungsgerechtheit

$$L_E = 2200\ mm < L_{PA\ max} = 2500\ mm;$$
$$B_E = 900\ mm < B_{PA\ max} = 1250\ mm;$$
$$\sqrt{L_E^2 + B_E^2} = 2377\ mm < Dia_{PA\ max} = 2795\ mm;$$
$$s = 2,5\ mm < s_{max} = 6,4\ mm$$

$$\Downarrow$$

$$KFG_{Abmess} = 1$$

$\Rightarrow$ Die Ventilatorwand ist fertigungstechnisch herstellbar

Bewertungsstufe 2: Aufstellung des Bewertungsschemas und Kennwertermittlung

$\dfrac{1}{4}$	Fertigungsgerechtheit für die ebene Bearbeitung

$\dfrac{0,67}{4}$	Technologiegerechtheit

$\dfrac{0,45}{4}$	Werkzeugmagazingerechtheit
$\dfrac{0,11}{1}$	Werkzeuggrößengerechtheit
$\dfrac{0,11}{1}$	Werkzeugkraftgerechtheit

$\dfrac{0,17}{1}$	Arbeitsraumgerechtheit
$\dfrac{0,17}{4}$	Nennarbeitsbereichsgerechtheit

$\dfrac{0,17}{1}$	Handhabungsgerechtheit
$\dfrac{0,12}{3}$	Manipulatorgerechtheit
$\dfrac{0,04}{1}$	Führungsgerechtheit

Kennwert der Werkzeugmagazingerechtheit

Kennwert der Werkzeuggroßengerechtheit

Kennwert der Werkzeugkraftgerechtheit

Kennwert der Nennarbeitsbereichsgerechtheit

Kennwert der Manipulatorgerechtheit

Kennwert der Führungsgerechtheit

$KFG_{Fuhr} = 1$ unempfindliche, unbeschichtete Blechoberflache, Kunstoffborsten oder Kugelrollen als Werkstuckfuhrung

$KFG_{Fuhr} = 0,6$ empfindliche, beschichtete Blechoberflache, Kunstoffborsten als Werkstuckfuhrung

$KFG_{Fuhr} = 0,3$ empfindliche, beschichtete Blechoberflache, Kugelrollen als Werkstuckfuhrung

Blechoberflache unempfindlich, unbeschichtet Werkstuckfuhrung Kugelrollen

$$\Downarrow$$

$$KFG_{Fuhr} = 1$$

Bild 67: Bewertungsstufe 1 und 2 für die Ventilatorwand

Bewertungsprofil für das Beispielwerkstück "Ventilatorwand"

Kriterium	Bewertungs-anteil	Kennwert der Fertigungsgerechtheit	
Werkzeugmagazingerechtheit	0,45	KFG_{Mag} = 0,2	←
Werkzeuggrößengerechtheit	0,11	KFG_{WZgr} = 0,75	←
Werkzeugkraftgerechtheit	0,11	$KFG_{WZKraft}$ = 0,75	←
Nennarbeitsbereichsgerechtheit	0,17	KFG_{Nenn} = 0,8	
Manipulatorgerechtheit	0,12	KFG_{Manip} = 1	
Führungsgerechtheit	0,04	$KFG_{Führ}$ = 1	
Gesamtkennwert	1	KFG_{gesamt} = 0,55	

Verbesserungspotentiale und Zuordnung der Gestaltungsregeln

Verbesserungspotential beziehungsweise unzureichend erfülltes Kriterium	Gestaltungsregel	Umsetzbarkeit
Werkzeugmagazingerechtheit	Innenkonturelemente standardisieren	ja
	Anzahl unterschiedlicher Konturelemente kleiner oder gleich der maximalen Werkzeuganzahl im Magazin auslegen	ja
Werkzeuggrößengerechtheit	Maximale Größe eines Konturelementes auf maximalen Stanzdurchmesser der Werkzeugaufnahme abstimmen	nein
Werkzeugkraftgerechtheit	Maximale Größe eines Konturelements auf Maschinenkraft abstimmen	nein

Anwendung und Umsetzung der Gestaltungsregeln

Merkmal	Ausprägung alt	Ausprägung standardisiert
Kreisdurchbruch	D_I = 6 mm D_I = 8 mm D_I = 10 mm	D_I = 10 mm D_I = 10 mm D_I = 10 mm
Rechteckdurchbruch	L_I = 30 mm B_I = 20 mm L_I = 35 mm B_I = 25 mm	L_I = 30 mm B_I = 25 mm L_I = 30 mm B_I = 25 mm
Langlochdurchbruch	L_I = 22 mm B_I = 9 mm L_I = 30 mm B_I = 10 mm	L_I = 25 mm B_I = 10 mm L_I = 25 mm B_I = 10 mm

⇨ Anzahl unterschiedlicher Konturelemente für Einfachhub N_{uKE} = 4

Bewertungsprofil bei erneuter Bewertung nach Anwendung der Gestaltungsregeln

Kriterium	Bewertungs-anteil	Kennwert der Fertigungsgerechtheit	
Werkzeugmagazingerechtheit	0,45	KFG_{Mag} = 0,6	
Werkzeuggrößengerechtheit	0,11	KFG_{WZgr} = 0,75	
Werkzeugkraftgerechtheit	0,11	$KFG_{WZKraft}$ = 0,75	
Nennarbeitsbereichsgerechtheit	0,17	KFG_{Nenn} = 0,8	
Manipulatorgerechtheit	0,12	KFG_{Manip} = 1	
Führungsgerechtheit	0,04	$KFG_{Führ}$ = 1	
Gesamtkennwert	1	KFG_{gesamt} = 0,73	

Bild 68: Bewertungsprofil und Anwendung der Gestaltungsregeln am Beispiel des Blechwerkstucks 'Ventilatorwand'

Interessantere Potentiale bietet dagegen das unzureichend erfüllte Kriterium der Werkzeugmagazingerechtheit. Ihm werden die Gestaltungsregeln 'Innenkonturelemente standardisieren' und 'Anzahl unterschiedlicher Konturelemente kleiner oder gleich der maximalen Werkzeuganzahl im Magazin auslegen' zugeordnet. Die Anwendung und konstruktive Umsetzung dieser Gestaltungsregeln ergibt eine Reduzierung um vier unterschiedliche Konturelemente.

So erhält man nach erneuter Bewertung für das Kriterium der Werkzeugmagazingerechtheit einen Kennwert von 0,6 und einen Gesamtkennwert von 0,73, wie in Bild 68 dargestellt, und damit eine Verbesserung der Fertigungsgerechtheit um 33 %. Die Beurteilung des durch die Verbesserung der Fertigungsgerechtheit erzielten Nutzens, der sich in einem reduzierten fertigungstechnischen Aufwand hinsichtlich Fertigungszeit, Werkzeugwartung und -verwaltung zeigt, wird in den folgenden Anwendungsbeispielen für zwei repräsentative Werkstückspektren dargestellt.

8.3   Anwendung im Großbackanlagenbau
8.3.1   Ausgangssituation

Diesem Anwendungsbeispiel liegt die vom Verfasser durchgeführte Umstrukturierung eines blechbearbeitenden Unternehmens zur Herstellung von Großbackanlagen mit der Zielsetzung des Übergangs von noch handwerklichen Fertigungsstrukturen zu einem Industriebetrieb zugrunde. Basis der praktischen Anwendung des Verfahrens ist daher ein aus ca. 780 unterschiedlichen Blechwerkstücken bestehendes repräsentatives Blechteilespektrum aus dem Großbackanlagenbau. Schwerpunkt der ersten Planungsphase war die Umstrukturierung des Bereiches der ebenen Bearbeitung. Diese kann im Überblick durch den Übergang von der Fertigung der ebenen Blechwerkstücke in mehreren Arbeitsgängen auf unterschiedlichen, manuell zu bedienenden Maschinen wie Tafelscheren, Handstanzen und Ausklinkmaschinen hin zu automatisierten, an ein Hochregallager angebundenen CNC-Stanz-Nibbel-Maschinen mit Komplettbearbeitung für die ebene Bearbeitung in einem Arbeitsgang beschrieben werden.

Um einen wirtschaftlichen Betrieb unter Ausnutzung aller Rationalisierungspotentiale dieser neuen Fertigungseinrichtungen zu gewährleisten, ergab sich neben einer systematischen Investitionsplanung die Forderung nach einer fertigungsgerechten Auslegung der
Blechwerkstücke. Unter dem Gesichtspunkt, die Werkstückgeometrie
der vorhandenen und aus den im Betrieb gewachsenen Strukturen entwickelten Blechwerkstücke fertigungsgerecht umzugestalten und
funktional nicht zu beeinträchtigen, erfolgte so die Untersuchung
des Blechteilespektrums mit dem Ziel, Maßnahmen zur Verbesserung
der Fertigungsgerechtheit hinsichtlich der neuen Fertigungseinrichtungen abzuleiten.

8.3.2 Anwendung des Verfahrens

Zunächst wurde zur Schaffung einer Datenbasis eine Datenbank für
die Merkmale der Blechwerkstücke entsprechend der in Kapitel 4 erarbeiteten Strukturierung aufgebaut.

Die in **Bild 69** dargestellte Bewertungsstufe 1 mit der Prüfung der
fertigungstechnischen Herstellbarkeit erfolgte entsprechend der
Vorgehensweise nach Bild 44 aus Abschnitt 6.1.2 anhand der Ausschlußkriterien Gewichts- und Abmessungsgerechtheit. Ergebnis dieser Bewertungsstufe war die Ermittlung der hinsichtlich der neuen
Fertigungseinrichtungen fertigungstechnisch nicht herstellbaren
Blechwerkstücke. Hierbei wurden 65 von 780 Blechwerkstücken, die
etwa 8 % des vorliegenden Werkstückspektrums darstellen, als fertigungstechnisch nicht herstellbar ermittelt. Der Ausschluß dieser
Blechwerkstücke für die Bewertungsstufe 2 der technisch/wirt-
schaftlichen Bewertung der Fertigungsgerechtheit ist vor allem auf
deren relativ große Blechdicken in Kombination mit dem Werkstoff
Edelstahl und der jedoch nur für einige wenige Blechwerkstücke
großen Teilelängen als Werkstuckmerkmale zurückzuführen. Diese
lassen sich zum einen mit den entsprechenden Restriktionen der
neuen Fertigungseinrichtungen nicht vereinbaren und konnten auch
aus funktionalen Gründen wie beispielsweise Stabilität und opti-
schen Anforderungen hinsichtlich der geforderten Fertigungsgerechtheit nicht geändert werden.

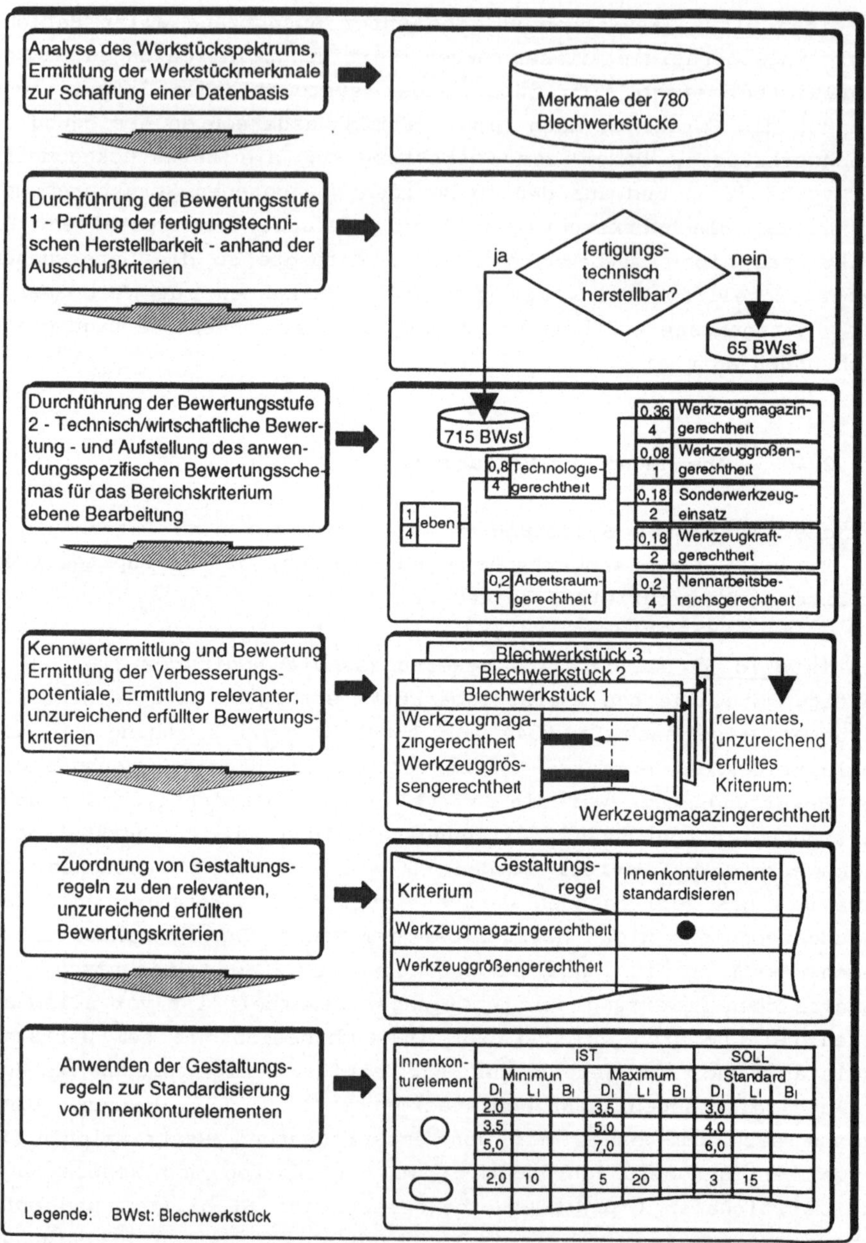

Bild 69: Anwendung des Verfahrens am Beispiel des repräsentativen Blechwerkstückspektrums aus dem Großbackanlagenbau

Entsprechend den einzelnen in Bild 69 aufgeführten Bewertungs-schritten erfolgte dann für die verbleibenden 715 fertigungstech-nisch herstellbaren Blechwerkstücke die Bewertungsstufe 2 der technisch/wirtschaftlichen Bewertung der Fertigungsgerechtheit. Hierzu wurde unter Berücksichtigung der Aufgabenstellung für das Bereichskriterium der ebenen Bearbeitung das anwendungsspezifische Bewertungsschema aufgestellt. Dabei wurde die Quantifizierung der ausgewählten Bewertungskriterien unter Berücksichtigung der spezi-fischen Merkmalsausprägungen der geplanten Fertigungseinrichtungen durchgeführt. Aufgrund der Forderung nach einem automatischen Werkzeugwechsel und geringem Rüstaufwand fur die einzelnen Ferti-gungsaufträge für die ebene Bearbeitung der Blechwerkstücke ver-bunden mit einer wirtschaftlichen Auslegung des automatischen Werkzeugmagazins wurde hierbei das Kriterium der Werkzeugmagazin-gerechtheit besonders stark gewichtet. Die Ermittlung von Verbes-serungspotentialen hinsichtlich der Fertigungsgerechtheit entspre-chend dem Vorgehen von Bild 59 aus Abschnitt 7.2 wies beim unter-suchten Blechteilespektrum des Großbackanlagenbaus vor allem auf das Kriterium der Werkzeugmagazingerechtheit hin.

Aufbauend auf der Ermittlung der Verbesserungspotentiale konnte mittels Anwendung der Zuordnungstabelle von relevanten, unzurei-chend erfüllten Bewertungskriterien zu Gestaltungsregeln zur fer-tigungsgerechten Konstruktion nach Bild 62 aus Abschnitt 7.3 die Standardisierung der Innenkonturelemente als Maßnahme zur Verbes-serung der Fertigungsgerechtheit abgeleitet werden. Die Standardi-sierung der Innenkonturelemente erfolgte jeweils durch Zusammen-fassen von Durchmesser-, Längen- und Breitenwerten der einzelnen Merkmalsausprägungen zu je einem oder mehreren standardisierten Werten. Hierbei wurden beispielsweise fur Kreisdurchbrüche im Durchmesserbereich von 3 mm bis 12 mm die Anzahl unterschiedlicher Durchmesserwerte von 20 auf 9 reduziert.

8.3.3 Beurteilung der Ergebnisse

Durch die Gestaltungsregel "Standardisierung von Innenkonturelementen" für das ausgewählte Werkstückspektrum aus dem Großbackanlagenbau des Anwendungsbeispiels, die als Maßnahme zur Verbesserung der Fertigungsgerechtheit mittels eines rechnerunterstützten
Standardisierungsprogramms durchgeführt wurde (Anhang 4), konnte
eine Reduzierung der Werkzeugvielfalt um 55 % erzielt werden.
Diese Standardisierung der Innenkonturelemente ist sinnvolle Voraussetzung, um für die geplanten automatisierten CNC-Stanz-Nibbel-
Maschinen ein Werkzeugmagazin mit automatischem Werkzeugwechsel
wirtschaftlich auszulegen, da die standardisierten Werkzeuge zum
großen Teil ständig im Magazin belassen werden können. Dies führt
darüber hinaus zu einer Rüstzeitreduzierung und zu einer geringeren Zahl an Werkzeugwechsel während der Bearbeitung.

Die Überprüfung der Verbesserung der Fertigungsgerechtheit durch
die Standardisierung wurde mittels rechnerunterstützter Zeitkalku-
lation durchgeführt (Anhang 5). Hierbei dienen die Merkmale von
Blechwerkstück und Fertigungseinrichtung als Einflußgrößen auf die
einzelnen Fertigungszeitanteile, wobei deren Wechselbeziehungen in
Algorithmen programmtechnisch umgesetzt sind. Der in **Bild 70**
dargestellte Vergleich der Fertigungszeiten für das gesamte
Werkstückspektrum vor und nach der Standardisierung, die sowohl
Haupt- und Neben- als auch Rüstzeiten enthalten, zeigt eine
Reduzierung des fertigungstechnischen Aufwandes durch Einsparung
von 10 % - 3600 Stunden statt 4000 Stunden - an benötigter Fertigungszeit.

Dies hat zusätzlich mit der damit verbundenen reduzierten Gesamtanzahl an benötigten Werkzeugen und des reduzierten Werkzeugwar-
tungs- und -verwaltungsaufwandes direkt eine Einsparung an Fertigungskosten zur Folge, wie es für das Anwendungsbeispiel aus dem
Großbackanlagenbau in Bild 70 ausgeführt ist. Weitere positive
Aspekte der Standardisierung sind die leichtere Auswahl von Durch-
brüchen in der Konstruktion sowie die einfachere Beschaffung von
hierdurch ebenfalls standardisierten Verbindungselementen.

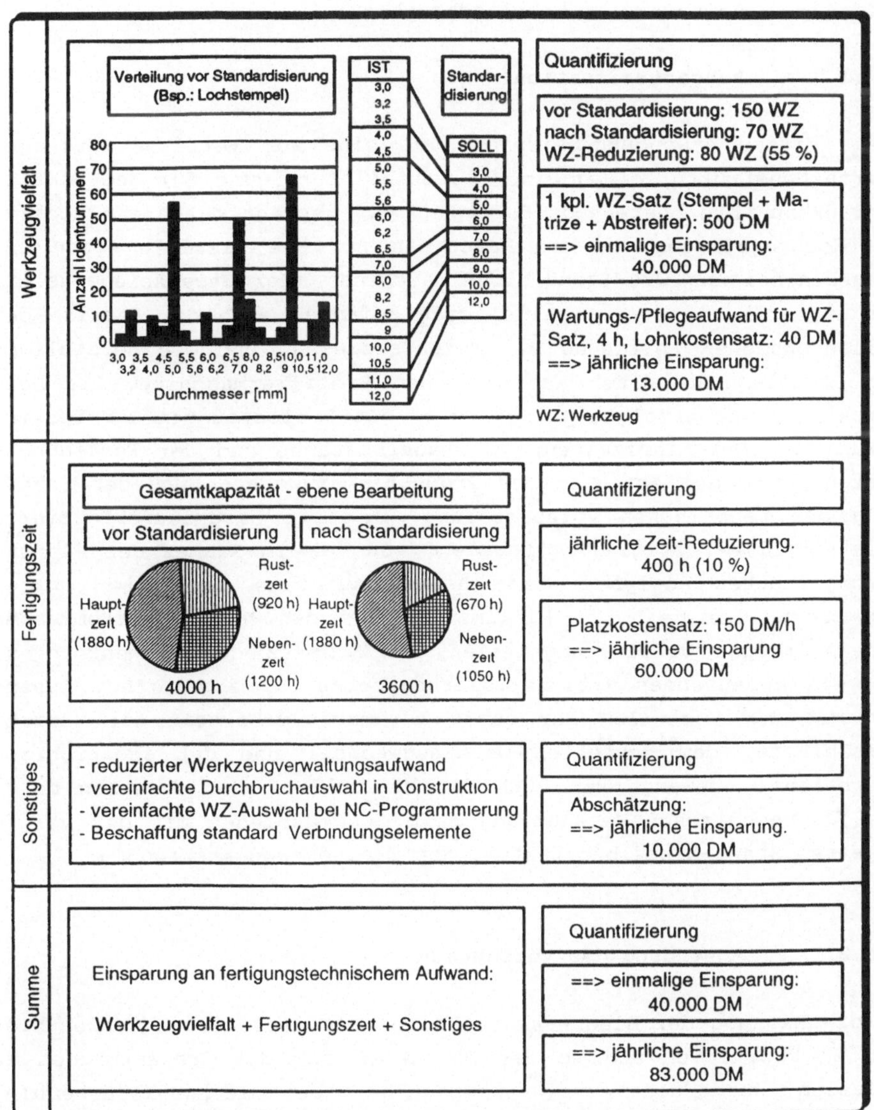

Bild 70: Reduzierung des fertigungstechnischen Aufwandes durch Standardisierung von Innenkonturelementen von Blechwerkstücken (Beispiel: Großbackanlagenbau)

8.4   Anwendung im Schaltschrankbau

8.4.1   Ausgangssituation

Basis dieses Anwendungsbeispiels ist eine vom Verfasser durchgeführte Neustrukturierung einer Blechteilefertigung für den Schaltschrankbau. Die bestehende Fertigung war geprägt durch ein zentrales Hochregallager, um das Maschinen für die flexible ebene und
Biegebearbeitung wie Stanz-Nibbelmaschinen oder Gesenkbiegemaschinen angeordnet waren. Parallel dazu befanden sich der Bereich der
teilegebundenen Fertigung mit Exzenterpressen und die Herstellung
von Profilen auf einer automatischen Profiliermaschine. Die Neustrukturierung erfolgte primär unter den Zielsetzungen der Verringerung der Durchlaufzeiten, der Lagerbestände und der Fertigungskosten sowie dem Abfangen des Produktionszuwachses und der Schaffung der technischen Voraussetzung für eine durchlauforientierte
"Just-in-Time-Fertigung". Ausgehend von den im Rahmen der Planung
durchgeführten Analysen wurde hierzu aufgrund des Schwerpunktes
der Blechdicke bei zwei Millimetern und den häufig vorkommenden
paneelförmigen Verkleidungsteilen der Einsatz des Schwenkbiegens
als ein bedeutendes Rationalisierungspotential abgeleitet. Zusammen mit den Vorteilen der guten Automatisierbarkeit der Verfah-
rensabläufe, dem schnellen Werkzeugwechsel und der freiprogram-
mierbaren Biegewange kam auch die Möglichkeit der direkten materialflußtechnischen Verknüpfung beim Schwenkbiegen mit der vorgelagerten Stanz-Nibbelbearbeitung den Zielsetzungen entgegen.

8.4.2   Anwendung des Verfahrens

Um die Eignung der Blechwerkstücke zum automatisierten Schwenkbiegen zu beurteilen und so das Potential für das Schwenkbiegen zu
erfassen, wurde die Fertigungsgerechtheit der Blechwerkstücke hinsichtlich der fertigungstechnischen Möglichkeiten und Restriktionen beim Schwenkbiegen untersucht und bewertet. Da es zum Pla-
nungszeitpunkt nur einen am Markt verfügbaren Maschinentyp gab,
bei dem neben dem automatisierten Schwenkbiegen auch eine direkte
materialflußtechnische Verknüpfung mit einer Stanz-Nibbelmaschine

vorhanden und auch schon mehrmals realisiert war, stellten dessen Maschinendaten die relevanten fertigungstechnischen Merkmale dar.

Nach der Analyse der ausgewählten CNC-Schwenkbiegemaschine und der Ermittlung deren fertigungstechnischer Merkmale und Ausprägungen erfolgte zunächst ausgehend vom gesamten Werkstückspektrum mit 1400 Identnummern die Analyse und Gliederung des Werkstückspektrums, wobei die Kleinteile und die Profilierteile aufgrund deren Mittel- bis Großseriencharakter und deren teilegebundener Bearbeitungsverfahren für die folgenden Untersuchungen nicht weiter berücksichtigt wurden. Von den restlichen Blechwerkstücken für die flexible Blechteilefertigung, die zusammen 1235 Identnummern repräsentieren, wurden anhand der geometrischen Werkstückmerkmale die für die Biegebearbeitung relevanten Blechwerkstücke ermittelt, wie es **Bild 71** zeigt. Für diese 680 Biegeteile erfolgte anhand der Bewertungsstufe 1 die Überprüfung der fertigungstechnischen Herstellbarkeit und damit der prinzipiellen Eignung für das automatisierte Schwenkbiegen in bezug auf die ausgewählte Schwenkbiegemaschine. Dabei zeigte sich, daß hiervon bereits 305 Blechwerkstücke mit der Schwenkbiegemaschine fertigungstechnisch herstellbar und somit dafür geeignet waren. Die Verbesserungspotentiale der verbleibenden, zunächst nicht herstellbaren 375 Blechwerkstücke wurden entsprechend der Vorgehensweise zur Verbesserung der Fertigungsgerechtheit der Blechwerkstücke nach Bild 63 aus Abschnitt 7.3 anhand der relevanten, nicht beziehungsweise nur unzureichend erfüllten Kriterien ermittelt. Für 38 Blechwerkstücke war die fertigungstechnische Herstellbarkeit auf der Schwenkbiegemaschine hinsichtlich des Ausschlußkriteriums der Biegekraftgerechtheit aufgrund zu großer Blechdicken nicht gegeben. Die restlichen 337 Biegeteile waren aufgrund des Kriteriums der Profilgrößengerechtheit auf dieser Maschine nicht herstellbar. Von den Blechwerkstücken, die die Biegekraftgerechtheit nicht erfüllten, konnte durch Anwendung der Gestaltungsregel 'Blechdicke reduzieren' bei fünf Werkstücken die Blechdicke reduziert werden, so daß auch diese Werkstucke für das automatisierte Schwenkbiegen geeignet waren. Für die die Profilgrößengerechtheit nicht erfullenden 337 Blechwerkstücke leitete sich die Gestaltungsregel 'maximale Schenkelhohe und maximaler Hüllkörper an den Biegeprofilbereich anpassen' als Maßnahme zur Verbesserung der Fertigungsgerechtheit ab.

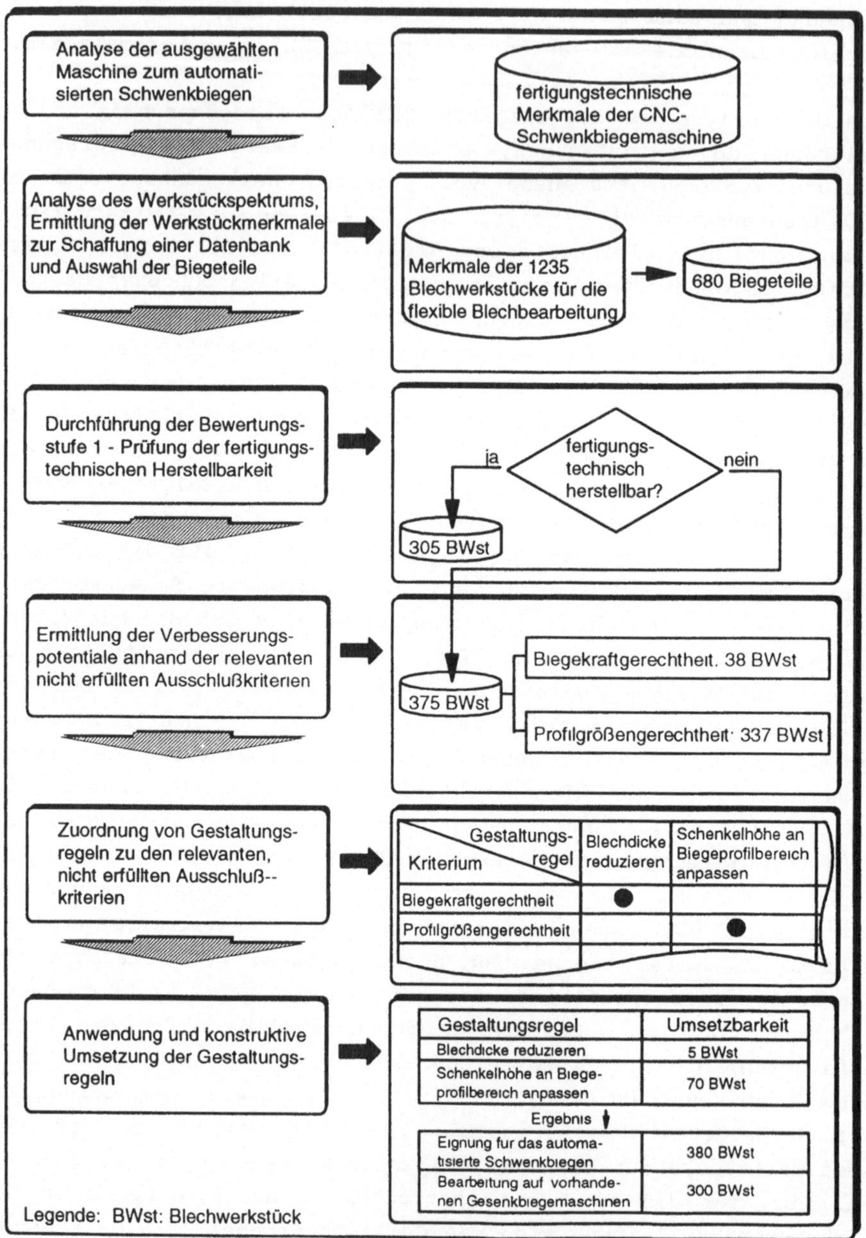

Bild 71: Anwendung des Verfahrens am Beispiel des repräsentativen Blechwerkstückspektrums aus dem Schaltschrankbau

Die konstruktive Änderung und Anpassung dieser Blechwerkstücke an die maximale Durchgangshöhe und an den maximalen Profilradius als Merkmalsausprägungen des Biegeprofilbereichs der ausgewählten Schwenkbiegemaschine konnte bei 70 Werkstücken aufgrund deren paneelförmigen Profilformen und nur minimal zu großer Schenkelhöhen durchgeführt werden. So war für diese Blechwerkstücke die Fertigungsgerechtheit hinsichtlich der neuen Schwenkbiegemaschine gegeben. Für die restlichen 300 Blechwerkstücke konnten aus funktionalen Gründen keine Gestaltungsregeln zur Verbesserung der Fertigungsgerechtheit hinsichtlich des automatisierten Schwenkbiegens konstruktiv umgesetzt werden, so daß deren Biegebearbeitung auch weiterhin auf den noch vorhandenen Gesenkbiegemaschinen durchzuführen war.

8.4.3   Beurteilung der Ergebnisse

Mit dem Verfahren zur Bewertung und Verbesserung der Fertigungsgerechtheit von Blechwerkstücken konnten somit von den 680 Biegeteilen des relevanten Werkstückspektrums aus dem Schaltschrankbau 380 Biegeteile für das automatisierte Schwenkbiegen ermittelt beziehungsweise hinsichtlich der darauf bezogenen Fertigungsgerechtheit verbessert werden. Mit Hilfe einer sowohl die Werkstückmerkmale als auch die fertigungstechnischen Merkmale berücksichtigenden rechnerunterstützten Zeitkalkulation konnte wie in **Bild 72** dargestellt eine Einsparung der Fertigungskapazität um 63 % festgestellt werden, die bezüglich den Fertigungskosten einer Reduzierung um 34 % entspricht. Weiter konnten für die hinsichtlich des automatisierten Schwenkbiegens fertigungsgerecht gestalteten Blechwerkstücke aufgrund der direkten Verknüpfung mit einer dem Biegeprozess vorgelagerten Stanz-Nibbelmaschine und der nun durchlauforientierten Fertigungsmöglichkeit die Kapitalbindungskosten um etwa die Hälfte reduziert werden.

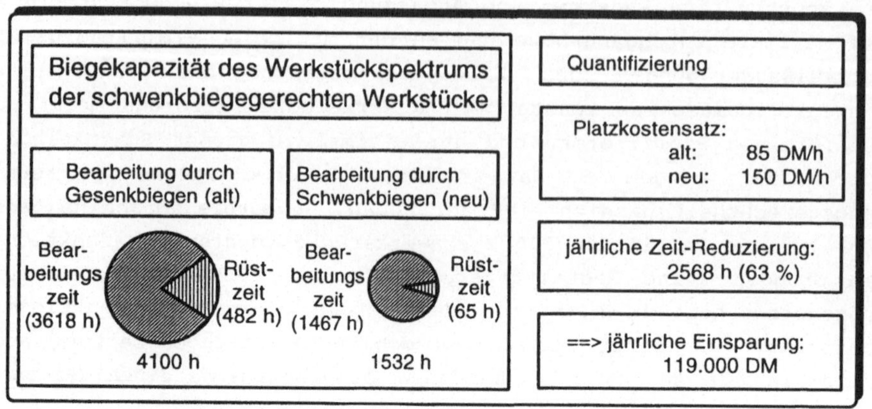

Bild 72:   Einsparung beim Übergang zum automatisierten Schwenkbiegen unter Berücksichtigung der Fertigungsgerechtheit
der Blechwerkstücke (Beispiel: Schaltschrankbau)

8.5   Fazit aus den Anwendungen

Die in diesen Anwendungsbeispielen dargestellte Reduzierung des
fertigungstechnischen Aufwandes und der damit verbundenen Einspa-
rungsmöglichkeiten zeigen, daß die im entwickelten Verfahren vor-
genommene Einführung von Bewertungskriterien mit Kennwerten eine
geeignete Basis zur technisch/wirtschaftlichen Bewertung und Verbesserung der Fertigungsgerechtheit von Blechwerkstücken darstellt. Die Untersuchungen und die Beurteilung der Ergebnisse -
durchgeführt am Beispiel der rechnerunterstützten Zeitkalkulation
- haben gezeigt, daß eine direkte Korrelation von den Kennwerten
der Fertigungsgerechtheit zum fertigungstechnischen Aufwand bei
der Fertigung der entsprechenden Blechwerkstücke besteht und sich
durch die Anwendung des Verfahrens Verbesserungen der Fertigungsgerechtheit und Einsparungen im Bereich der Fertigungskosten
erzielen lassen. Somit wurde anhand der Anwendungsbeispiele die
Eignung des entwickelten Verfahrens zur Bewertung und Verbesserung
der Fertigungsgerechtheit von Blechwerkstücken nachgewiesen.

Die Bereitstellung der Gestaltungsregeln in Form eines Katalogs
mit der Strukturierung in Anlehnung an die entwickelte Merkmals-

strukturierung der Fertigungseinrichungen ermöglicht eine gezielte
Bereitstellung der Informationen zur Verbesserung der Fertigungsgerechtheit der Blechwerkstücke. Da jeweils nur die Gestaltungsregeln anzuwenden sind, welche aus der Zuordnung zu den relevanten,
unzureichend erfüllten Kriterien abzuleiten sind, werden mit ver-
hältnismäßig geringem Aufwand geeignete Verbesserungsmaßnahmen bestimmt und die Blechwerkstücke können dann gezielt umkonstruiert
und die Verbesserungspotentiale ausgeschöpft werden. Darüberhinaus
zeigte die Anwendung des entwickelten Verfahrens, daß bereits
durch die Anwendung von nur wenigen, jedoch wesentlichen der entwickelten 80 Gestaltungsregeln zur fertigungsgerechten Konstruktion von Blechwerkstücken sich ein großer Nutzen hinsichtlich der
Abstimmung von Konstruktion und Fertigung ergibt. Damit ist die
gestellte Anforderung erfüllt, eine Konzentration auf die wesentlichen werkstück- und fertigungsbezogenen Aspekte zu gewährleisten. So konnte schon allein durch die Anwendung und konstruktive
Umsetzung der Gestaltungsregel 'Innenkonturelemente standardisieren' der fertigungstechnische Aufwand in erheblichem Maße reduziert werden, der sich insbesondere durch eine Verringerung der
Fertigungszeit und des Aufwandes für die Werkzeugorganisation darstellt. In diesem Zusammenhang sind des weiteren noch die beiden
Gestaltungsregeln 'Anzahl unterschiedlicher Konturelemente kleiner
gleich der maximalen Werkzeuganzahl im Werkzeugmagazin auslegen'
und 'Maximale und minimale Größe eines Konturelementes in Abhängigkeit von Blechdicke und Festigkeit auf die zur Verfügung
stehende Maschinenkraft und Werkzeugkapazität abstimmen' als sogenannte 'A-Regeln' beziehungsweise grundsatzliche Leitlinien zur
ebenen Bearbeitung - neben den Gestaltungsregeln zur Berücksichtigung der maximalen Arbeitsraumabmessungen - aufzuführen, die zusammen in etwa 15 % der Regeln darstellen und deren Anwendung 70 %
Erfolg bezüglich eines fertigungsgerecht konstruierten Blechwer-
stücks bringen können. Entsprechend zeigte sich hinsichtlich der
Biegebearbeitung, daß die Gestaltungsregeln zur Berücksichtigung
des Biegeprofilbereichs insbesondere von Schwenkbiegemaschinen
hinsichtlich der Fertigungsgerechtheit und der Automatisierbarkeit
wesentliche Maßnahmen zur Gewährleistung der Fertigungsgerechtheit
darstellen.

8.6   Kritische Betrachtung

Das hier erarbeitete Verfahren zur Bewertung und Verbesserung der
Fertigungsgerechtheit von Blechwerkstücken ermöglicht begleitend
und ergänzend zur Werkstückkonstruktion eine Bewertung der Fertigungsgerechtheit. Die Anwendung des Verfahrens unterstützt die
interdisziplinäre Zusammenarbeit von Konstruktion, Arbeitsvorbereitung und Fertigung unter dem Gesichtspunkt der ganzheitlichen
Rationalisierung der Fertigungsaufgabe, die schon bei der Werkstückgestaltung beginnt. Bei dabei erkannter Notwendigkeit einer
Umkonstruktion stellt das Verfahren hierfür gezielte Verbesserungsmaßnahmen bereit, deren Umsetzung ebenfalls mittels des
Bewertungsverfahrens überprüft werden kann. Hierbei kann es aus
funktionalen Gründen zuweilen auch nicht sinnvoll oder nicht möglich sein, die Blechwerkstücke fertigungsgerecht umzugestalten.
Dann bietet das Verfahren im unternehmerischen Gesamtzusammenhang
jedoch wertvolle Unterstützung bei der übergeordneten Entschei-
dungsmöglichkeit für Eigenfertigung oder Fremdbezug.

Bei der Entwicklung des Verfahrens zur Bewertung und Verbesserung
der Fertigungsgerechtheit von Blechwerkstücken wurde großes
Gewicht auf die direkte Zuordnung von Werkstückmerkmalen und fertigungstechnischen Merkmalen gelegt, da diese zusammen die Basis
der notwendigen Informationen zur Abstimmung zwischen Konstruktion
und Fertigung darstellen. Damit wird die Integration der fertigungsgerechten Werkstückkonstruktion in den Konstruktionsprozeß
und die Berücksichtigung werkstück- und fertigungsbezogener
Gesetzmäßigkeiten als Bestandteil der Abstimmung zwischen Konstruktion und Fertigung für die flexible Blechteilefertigung unterstützt. Berücksichtigt werden auch die betriebsspezifischen
Gegebenheiten aus den unterschiedlichen Unternehmensbereichen.
Diesbezüglich ist das Verfahren an die spezifischen Bedingungen
des Betriebes mit den unterschiedlichen Fertigungseinrichtungen
einmalig anzupassen, wobei die Systematik des Verfahrens zur
Bewertung und Verbesserung von Blechwerkstücken allgemeingültig
anwendbar ist.

In der vorliegenden Arbeit wurde ein Verfahren zur Bewertung und Verbesserung der Fertigungsgerechtheit von Blechwerkstücken in der flexiblen Blechteilefertigung entwickelt und die Anwendbarkeit und der Nutzen an Beispielen aus der industriellen Praxis dargestellt.

Für die hierzu zu erarbeitenden notwendigen Grundlagen wurden werkstück- und fertigungsorientierte Merkmale von Blechwerkstücken und Fertigungseinrichtungen der Bereiche ebene Bearbeitung, Biegebearbeitung und Materialfluß systematisch strukturiert. Aufbauend auf dieser Merkmalsbasis erfolgte die Entwicklung der Wechselbeziehungen zwischen den Werkstückmerkmalen und den Merkmalen der Fertigungseinrichtungen, um die gegenseitigen Abhängigkeiten darzustellen. Als weiterer Schritt zur Erarbeitung der Regelbasis erfolgte die Entwicklung der Gestaltungsregeln zur fertigungsgerechten Konstruktion von Blechwerkstücken. Die erarbeiteten werkstück- und fertigungsbezogenen Gesetzmäßigkeiten wurden in ein Verfahren zur Bewertung und Verbesserung der Fertigungsgerechtheit von Blechwerkstücken umgesetzt. Die detaillierte Erarbeitung der Bewertungskriterien zur Beurteilung der Fertigungsgerechtheit wurde am Beispiel der ebenen Bearbeitung für Fertigungseinrichtungen mit mechanischen Trennverfahren dargestellt. Die hierbei aufgezeigte systematische Vorgehensweise ist allgemeingültig und läßt sich direkt auf die weiteren in der Arbeit entwickelten und vorgestellten Kriterien hinsichtlich der Bereiche Biegebearbeitung und Materialfluß der flexiblen Blechteilefertigung übertragen.

Das entwickelte Verfahren ist sowohl für den Einsatz in der Konstruktion als auch in der Arbeitsvorbereitung geeignet. Als Ergebnis liefert es aussagekräftige Kennwerte über unterschiedliche Aspekte der Fertigungsgerechtheit und Hinweise zur gezielten Verbesserung der Blechwerkstücke unter fertigungstechnischen Gesichtspunkten. Es ist möglich, aus einem seitens des Anwenders vorgegebenen Werkstückspektrum gezielt die Werkstücke mit einer nur unzureichenden Fertigungsgerechtheit sowohl im gesamten als auch nur unter besonders interessierenden fertigungstechnischen Gesichtspunkten auszuwahlen und konkrete Hinweise zur Verbesserung der Fertigungsgerechtheit abzuleiten. Die Umsetzung von Maßnahmen

zur Verbesserung erfolgt durch Anwendung der im Rahmen dieser Arbeit entwickelten, strukturierten und zusammengestellten Gestaltungsregeln für die fertigungsgerechte Konstruktion von Blechwerkstücken.
Die Konstruktion wird durch die Anwendung des Verfahrens hinsichtlich der fertigungsgerechten Gestaltung von Blechwerkstücken unterstützt. Der Arbeitsvorbereitung dient das Verfahren im Rahmen der Arbeitsplanerstellung als Hilfsmittel bei der Auswahl der bestgeeigneten Fertigungseinrichtungen einer vorgegebenen Blechteilefertigung für die Herstellung der Blechwerkstücke.

Die in den Anwendungsbeispielen durchgeführte programmtechnische Umsetzung und Anwendung mit deren Ergebnissen dokumentieren die praktische Anwendbarkeit und den Nutzen des entwickelten Verfahrens zur Abstimmung zwischen Konstruktion und Fertigung.

Einerseits können die Ergebnisse der vorliegenden Arbeit somit Grundlage für Arbeiten im Bereich von 'Blech-CAD-Expertensystemen' sein. Mit der Integration der Wechselbeziehungen der Merkmale und des Bewertungs- und Verbesserungsverfahrens in den CAD-Arbeitsprozess könnte dann eine Abstimmung zwischen Konstruktion und Fertigung mit dem Ziel einer unmittelbar fertigungsgerechten Konstruktion erreicht werden. Andererseits ist als Weiterführung der Arbeit eine Ausweitung des hier vorgestellten, auf einzelne Blechwerkstücke bezogenen Verfahrens auf Blechbaugruppen denkbar. Hierzu wären die gegenseitigen Abhängigkeiten der Blecheinzelwerkstücke innerhalb einer Baugruppe mit der Möglichkeit der Integralbauweise als Zusammenfassung mehrerer Einzelwerkstücke zu einem Teil zu untersuchen und Ansätze zur Bewertung und Verbesserung der Fertigungsgerechtheit von Baugruppen zu entwickeln.
Für den Einsatz in der Fabrik- beziehungsweise Investitionsplanung kann das entwickelte Verfahren gewissermaßen in seiner Umkehrung als ein Verfahren zur Bewertung der Werkstückgerechtheit und Verbesserung von Fertigungseinrichtungen genutzt werden. Ergebnisse hierbei können aussagekräftige Kennwerte zur Werkstückgerechtheit von Fertigungseinrichtungen unter unterschiedlichen fertigungs- und werkstückbezogenen Aspekten sowie konkrete Hinweise zur gezielten werkstückbezogenen Auswahl beziehungsweise Beschaffung von Fertigungseinrichtungen sein.

10 Literaturverzeichnis

/1/ Warnecke, H.-J.; Martin, M.; Ulrich, E.:
Angemessene Automation für flexible Fertigung, Teil 1+2.
In: wt Werkstattstechnik 78 (1988) Nr. 1+2, S. 17-23 (Teil 1)
+ S. 119-122 (Teil 2)

/2/ Norm VDI-Richtlinie 2235 1987:
Wirtschaftliche Entscheidungen beim Konstruieren, Methoden
und Hilfsmittel

/3/ Warnecke, H.-J.; Steinhilper, R.:
Zukunftsorientierte Produktionsphilosophie.
In: Schweizer Maschinenmarkt 87 (1987) Nr. 38, S. 50-57

/4/ Weck, M.:
Konstruktionsmanagement angesichts wachsender Produktions-
komplexität.
Produktionstechnisches Kolloquium PTK 89, 1989, S. 123-132

/5/ Weck, M.; u.a.:
Wettbewerbsfaktor Produktionstechnik.
In: VDI-Z 132 (1990) Nr. 5, S. 32-26

/6/ Bronner, A.:
Leitfaden für den Einsatz der Wertanalyse in Klein- und
Mittelbetrieben.
Eschborn: Rationalisierungskuratorium der deutschen Wirt-
schaft, 1985

/7/ Ehrlenspiel, K.:
Kostengesteuertes Design.
In: Konstruktion 40 (1988), S. 359-364

/8/ Pahl.G.; Beitz, W.:
Konstruktionslehre.
Berlin u.a.: Springer, 1977

/9/ Warnecke, H.-J.:
Der Produktionsbetrieb 1 - Organisation, Produkt, Planung.
Springer Verlag Berlin u. a., 1993

/10/ Warnecke, H.-J.; Claussen, C.M.:
Erhöhung der Fertigungsflexibilität: Flexible Fertigungs-
systeme für die Blechbearbeitung.
In: Schweizer Maschinenmarkt 88 (1988) Nr. 43, S. 36-45

/11/ Claussen, C.M.; Drobek, R.:
Die flexible Blechfabrik.
In: VDI-Z 132 (1990) Nr. 4, S. 81-87

/12/ Warnecke, H.-J.:
Die Blechfabrik der Zukunft.
In: Rationalisierung im Blechbetrieb durch Industrieroboter-
einsatz: IPA-Technologie-Forum, 5. November 1987.
Stuttgart: IPA, 1987, S. 9-30

/13/ Heede, K.:
Trends bei der Ausrüstung moderner Preßwerke.
In: K. Siegert: Neuere Entwicklungen in der Blechumformung.
Tagungsunterlagen, 8.-9. Mai 1990.
Oberursel: DGM-Informationsgesellschaft, 1990, S. 17-31

/14/   Warnecke, H.-J.; Abele, U.:
        Abstimmung von Konstruktion und Fertigung in der Blechbear-
        beitung. Kommunikation gefragt.
        In: Industrie-Anzeiger 99 (1991), S. 30-32

/15/   Abele, U.:
        Rationalisierungspotential Blech.
        In: Schweizer Maschinenmarkt 50 (1991), S. 16-25

/16/   Abele, U.; Drobek R.:
        Neustrukturierung einer flexiblen Blechteilefertigung.
        In: Fertigungstechnik und Betrieb 42 (1992) Nr. 3, S. 126-132

/17/   Drobek, R.:
        Planung und Realisierung einer flexiblen Blechteilefertigung.
        Zukunftsorientierte Gesamtstrategie für einen Hersteller von
        Kühlmöbeln.
        In: VDI-Z 133 (1991) Nr. 6, S. 128-137

/18/   Leibinger, B.:
        CIM auch im mittelständischen Unternehmen.
        In: Wettbewerbsvorteile durch Integration in Produktionsun-
        ternehmen, Referate des Münchner Kolloquiums, 24.-25. März
        1988, München, Milberg, J. (Hrsg.). Berlin u.a.: Springer,
        1988, S. 51-78

/19/   Roth, H.-P.:
        Planung und Optimierung der Verfahrensteilung in der Ferti-
        gung.
        Berlin u.a.: Springer 1991.
        Zugl. Stuttgart, Univ., Diss., 1991

/20/   Koenig, W.:
        Wechselwirkungen zwischen Konstruktion und rationeller Fer-
        tigung.
        In: VDI-Z 95 (1953) Nr. 26, S. 896-903

/21   Norm VDI-Richtlinie 2222 Bl. 2 1977:
        Erstellung und Anwendung von Konstruktionskatalogen

/22/   Roth, K.:
        Konstruieren mit Konstruktionskatalogen.
        Berlin u.a.: Springer, 1982

/23/   Norm VDI-Richtlinie 3237, Bl. 1-2 1977:
        Fertigungsgerechte Werkstückgestaltung im Hinblick auf auto-
        matisches Zubringen, Fertigen und Montieren.

/24/   Bode, K.H.:
        Konstruktionsatlas.
        Darmstadt: Hoppenstedt, 1988

/25/   Hildebrand, S.; Krause, W.:
        Fertigungsgerechtes Gestalten in der Feinwerktechnik.
        Braunschweig: Vieweg, 1978

/26/   Beitz, W.:
        Fertigungs- und montagegerecht.
        In: Konstruktion 25 (1973) Nr. 12, S. 489-497

/27/   Rögnitz; Köhler:
        Fertigungsgerechtes Gestalten im Maschinen- und Gerätebau.
        Stuttgart: Teubner, 1959

/28/ Brandenberger, H.:
      Fertigungsgerechtes Konstruieren.
      Zürich: Schweizer Druck- und Verlagshaus

/29/ N. N.:
      Fertigungsgerechte Gestaltung von Gußkonstruktionen.
      Düsseldorf: ZVG-Mitteilungen

/30/ N. N.:
      Konstruieren und Gießen.
      Broschüre der Zentrale für Gußverwendung. Düsseldorf

/31/ Weber, A.:
      Werkstoff- und fertigungsgerechtes Konstruieren mit ther-
      moplastischen Kunststoffen.
      In: Konstruktion 16 (1964) Nr. 1, S. 2-11

/32/ Burgdorf, M.:
      Fließgerechte Gestaltung von Werkstücken.
      In: wt-Werkstattstechnik 63 (1973) Nr. 7, S. 387-392

/33/ Veit; Scheermann:
      Schweißgerechtes Konstruieren.
      Fachbuchreihe Schweißtechnik Nr. 32.
      Düsseldorf: Schweißtechnik, 1972

/34/ Pahl, G.:
      Grundregeln für die Gestaltung von Maschinen und Apparaten.
      In: Konstruktion 25 (1973) Nr. 7, S. 271-277

/35/ Tempelhof, K.H.; Lichtenberg, H.; Rugenstein, J.:
      Fertigungsgerechtes Gestalten von Maschinenbauteilen.
      Betriebspraxis, Berlin: VEB Technik, 1982

/36/ Rothley, J.:
      Fertigungsgerechtes Konstruieren mit CAD.
      Düsseldorf: VDI, 1991.
      Zugl. Karlsruhe, Univ., Diss., 1991

/37/ Gairola, A.:
      Montagegerechtes Konstruieren - Ein Beitrag zur Konstruk-
      tionsmethodik.
      Zugl. Darmstadt, Techn. Hochsch., Diss., 1981

/38/ Bäßler, R.:
      Integration der montagegerechten Produktgestaltung in den
      Konstruktionsprozeß.
      Berlin u.a.: Springer, 1988.
      Zugl. Stuttgart, Univ., Diss., 1988

/39/ Norm VDI-Richtlinie 2243 1984:
      Recyclingorientierte Gestaltungtechnischer Produkte.

/40/ Steinhilper, R.:
      Produktregelung im Maschinenbau.
      Berlin u.a.: Springer, 1987.
      Zugl. Stuttgart, Univ., Diss., 1987

/41/ Warnecke, H.-J.:
      Der Produktionsbetrieb 3 - Betriebswirtschaft, Vertrieb,
      Recycling.
      Springer Verlag Berlin u. a., 1993

/42/ Muschiol, M.:
Rechnerunterstützte Informationsbereitstellung für den Konstruktionsprozeß am Beispiel montageorientierter Gestaltungsrichtlinien.
Zugl. Berlin, Techn. Univ., Diss., 1988

/43/ Mewes, D.:
Ein Informationssystem für die Entwicklung und Gestaltung von Produkten der Maschinenindustrie.
Zugl. Aachen, RWTH, Diss., 1972

/44/ Beitz, W.; Schnelle, E.:
Rechnerunterstützte Informationsbereitstellung für den Konstrukteur.
In: Konstruktion 26 (1974) Nr.2, S. 46-52

/45/ Brachtendorf, T.:
Konzeption eines Informationssystems für die fertigungsgerechte Konstruktion.
Düsseldorf: VDI, 1989.
Zugl. Aachen, RWTH, Diss., 1989

/46/ Grottke, W.:
Integration von Konstruktion und Arbeitsvorbereitung durch technologische Modellierung.
München, Wien: Hanser, 1986.
Zugl. Berlin, Techn. Univ., Diss., 1986

/47/ Opitz, H.:
Werkstückbeschreibendes Klassifizierungssystem.
Essen: W. Girardet, 1965

/48/ Hoheisel, W.:
Rechnerunterstützte Arbeitsplanerstellung mit Kleinrechnern, dargestellt am Beispiel der Blechbearbeitung.
Berlin u.a.: Springer, 1981.
Zugl. Stuttgart, Univ., Diss., 1981

/49/ Bardeleben, v. B.:
Systematische Betriebsmittelplanung. Methodik und Hilfsmittel, gezeigt am Beispiel der Vorrichtungskonstruktion.
Zugl. Aachen, Techn. Hochsch., Diss., 1972

/50/ Hahn, R.; Kuhnerth, W.; Roschmann, K.:
Die Teileklassifizierung.
In: Handbuch der Rationalisierung. Heidelberg: Industrieverlag Gehlsen 1970

/51/ Genschow, H.:
VDI-Z-Datenbank für Werkzeugmaschinen.
In: VDI-Z 133 (1991) Nr. 6, S. 57-62

/52/ Weck, M.; u.a.:
Wettbewerbsfaktor Produktionstechnik.
AWK Aachener Werkzeugmaschinen-Kolloquium 1990.
Düsseldorf: VDI, 1990

/53/ Koch, R.:
Koordinierte Datenverwaltung für CAD, CAM und PPS.
In: VDI-Z 131 (1989) Nr.1, S. 32-36

/54/ Becker, B.:
Elektronischer Geschäftsverkehr nach der internationalen Norm EDIFACT.
In: DIN-Mitteilung 68 (1989) Nr.10

/55/ Spur, G.; Mertins, K.; Süssengruth, W.:
Integrierte Informationsmodellierung für offene CIM-Architek-
turen.
In: CIM-Management 89 (1989) Nr. 2, S. 36-42

/56/ Anderl, R.:
Integriertes Produktmodell.
In: ZwF 84 (1989) Nr. 11, S.640-644

/57/ Eaton, R. J.:
Productplanning in a rapidly changing world.
In: Int. J. Technological Management Vol. 2 (1987) No. 2

/58/ B. Evans, B.:
Simultaneous Engineering.
In: Mechanical Engineering Vol. 2 (1988) No. 2, S. 38-39

/59/ N. N.:
Simultaneous Engineering - Neue Wege des Projektmanagements.
Düsseldorf: VDI-Berichte 758, 1989

/60/ Vasilash, G. S.:
Simultaneous Engineering.
Management's New Competitiveness Tool.
In: Production 7 (1987), S. 36-41

/61/ Eversheim, W., Sessenheimer, K. H., Saretz, B.:
Simultaneous Engineering - Entwicklungsstrategie für Produkte
und Produktionseinrichtungen.
In: Industrieanzeiger 64 (1989), S. 26-30

/62/ Eversheim, W., Sessenheimer, K. H., Saretz, B.:
Simultaneous Engineering - Eine neue Strategie zur Reduzie-
rung von Produktentwicklungszeiten.
In: Fabrik 2000 (1989), S. 28-32

/63/ Specht, D.:
Wissensbasierte Systeme im Produktionsbetrieb.
München: Hanser, 1989

/64/ Hemberger, A.:
Innovationspotentiale in der rechnergestützten Produktion
durch wissensbasierte Systeme.
München: Hanser, 1988

/65/ Lawo, M.:
Optimierung im konstruktiven Ingenieurbau.
Braunschweig: Vieweg, 1987

/66/ Förtsch, F.:
Entwicklung und Anwendung von Methoden zur Optimierung des
mechanischen Verhaltens von Bauteilen.
Zugl. Aachen, RWTH, Diss., 1988

/67/ Micheletti, G. F. (Ed.):
Simulation in Manufactoring.
New York: Springer, 1988

/68/ Boothroyd, G.; Dewhurst, P.:
Design for Assembly.
Boothroyd & Dewhurst, Michigan, 1983

/69/ Eversheim, W.; Dahl, B.; Baumann, M.:
Mit CAD-Systemen montagegerecht konstruieren.
In: Industrie-Anzeiger 20 (1989), S. 34-37

/70/   N.N.:
Analyse potentieller Fehler und deren Folgen für die
Konstruktion.
Ford-Werke AG.: Konstruktions-FMEA.
Köln, 1984 - Firmenschrift

/71/   Bernhart, W.; Ganghoff, P. ; Schelberg, J.:
Integration von Produktentwicklung und Montageplanung.
In: Technische Rundschau 20 (1991), S. 132-136

/72/   Schmidt, J.; Bernhart, W.:
Montagesystemorientierte Produktanalyse und -bewertung.
In: VDI-Z 133 (1991) Nr. 10, S. 88-91

/73/   Schraft, R.-D.; Bäßler, R.:
Die montagegerechte Produktgestaltung muß durch systematische
Vorgehensweisen umgesetzt werden.
In: VDI-Z 126 (1984) Nr. 22, S. 843-849

/74/   Boothooyd, G.:
Design for Assembly.
Amherst, Univ. of Michigan, Dep. of Mech. Engineering 1983

/75/   Ende, G.:
Methode zum bewerten der Montagegerechtigkeit im Maschinen-
bau.
Zugl. Karl-Marx-Stadt, Techn. Hochsch., Diss., 1989

/76/   Miyakawa, S.; Ohasihi, T.:
The Hitachi Assemblability Method (AEM).
In: International Conference on Product Design for Assem-
blyTroy Conferences, Rochester, Michigan, 1986

/77/   Sturz, W.:
Werkstückorientierte Verfahrensauswahl zum Gußputzen mit
Industrierobotern.
Berlin u.a.,: Springer 1986
Zugl. Stuttgart, Univ., Diss., 1986

/78/   Warnecke, H.-J.:
Montage, Handhabung, Industrieroboter: Schwieriges Geschäft
mit Zukunft.
In: Innovation 4 (1985), S. 176-180

/79/   Schraft, R.-D.:
Montagegerechte Konstruktion - die Voraussetzung für eine
erfolgreiche Automatisierung.
In: Proceedings of the 3rd International Conference on Assembly Automation, Böblingen: 1982, S. 165 - 176

/80/   Warnecke, H.-J.; Bäßler, R.:
Vorgehensweise zur motagegerechten Produktgestaltung.
In: Robotersysteme 3 (1987), S. 1-9

/81/   Barthelmeß, P.:
Montagegerechtes Konstruieren durch die Integration von
Produkt- und Montageprozeßgestaltung.
Berlin u.a.: Springer 1987
Zugl. München, Techn. Univ., Diss., 1987

/82/   N.N.:
Konstruieren mit Blech.
VDI Berichte 523, Essen, 8. und 9. November 1984. Düsseldorf:
VDI, 1984

/83/   AWF-Arbeitsgruppe/
       REFA-Verband für Arbeitsstudien und Betriebsorganisation:
       Handbuch der Arbeitsvorbereitung. Teil 1, Arbeitsplanung
       Berlin u.a.: Beuth, 1983

/84/   N.N.:
       Norm DIN 8580 06.74:
       Fertigungsverfahren: Einteilung.

/85/   Wolfstetter, G.:
       Die Verwendung von Maschinenstundensätzen in der Arbeitsvor-
       bereitung.
       In: Krp (1985) Nr. 3, S. 103-106

/86/   N.N.:
       Norm VDI-Richtlinie 3258 Blatt 1 10.62:
       Kostenrechnung mit Maschinenstundensätzen.

/87/   N.N.:
       Der große Brockhaus.
       Wiesbaden: F.A. Brockhaus, 1979

/88/   Hesselmann, U.:
       Werkstückanalyse auf der Basis multivariater statistischer
       Verfahren.
       Düsseldorf: VDI, 1988.
       Zugl. Hannover, Univ., Diss., 1987

/89/   N. N:
       CNC-Stanz-Nibbelmaschinen und Blechbearbeitungszentren auf
       der Blech '90.
       In: Bänder Bleche Rohre 12 (1990), S. 24-30

/90/   Bauer, W.:
       Gesenkbiegen und Schwenkbiegen von Blechen.
       In: Bänder Bleche Rohre 12 (1990), S. 48-50

/91/   Abele, U.:
       Die dritte Dimension fürs Blech - Räumliche Konturerzeugung.
       In: Schweizer Maschinenmarkt 44 (1991), S. 26-35

/92/   N.N.:
       Norm VDI-Richtlinie 2856 1991:
       Vereinheitlichte Angaben zu Anfrage und Angebot für Werkzeug-
       maschinen.

/93/   Klippel, C.:
       Mobiler Roboter im Materialfluß eines flexiblen Fertigungs-
       systems.
       Berlin u.a.: Springer, 1988
       Zugl. München, Techn. Univ., Diss., 1988

/94/   Rehbein, H.-J.:
       Komplex verschachtelt - Bleche zufuhren und nach Packmuster
       stapeln.
       In: Roboter, April 1994, S.30-33

/95/   REFA-Verband für Arbeitsstudien und Betriebsorganisation:
       Planung und Gestaltung komplexer Produktionssysteme.
       München, Wien: Carl Hanser, 1987

/96/   Chen, P. P.:
       Entity-Relationship Approach to System Analysis and Design.
       Proceedings of the International Conference an Entity-Rela-
       tionship to System Analysis and Design, Los Angeles, 1979

/97/   N.N.:
         Norm VDI-Richtlinie 2222, Bl.1 1977
         Konzipieren technischer Produkte.

/98/   Abele, U.:
         Regelkatalog zur fertigungsgerechten Konstruktion von Blech-
         teilen im Schaltschrankbau.
         Unveröffentlichter Bericht des Fraunhofer-Instituts für Pro-
         duktionstechnik und Automatisierung, Stuttgart, 1991

/99/   Cypris, W.:
         Auslandsproduktion - Grundlegende Problemanalyse und Ent-
         scheidungshilfe beim Aufbau.
         Mainz: Krausskopf, 1978

/100/   Lien, T.K.; u.a.:
         Analyseverktoy for fleksibel automatisk montasje.
         Verkstedteknisk Laboratorium NTH-SINTEF, Norges Tekniske
         Hogskole Trondheim, 1982

/101/   Scharf, P.:
         Strukturen flexibler Fertigungssysteme. Gestaltung und Be-
         wertung.
         Mainz: Krausskopf, 1986
         Zugl. Stuttgart, Univ., Diss., 1986

/102/   Patzak, G.:
         Systemtechnik-Planung komplexer innovativer Systeme.
         Berlin u.a.: Springer, 1982

/103/   Fishekov, N.D.:
         Bestimmung der maximalen Schneidkraft beim Scherschneiden.
         In: Bleche Rohre Profile 38 (1991) Nr.5

/104/   N.N.:
         Norm VDI-Richtlinie 3300, 1973:
         Materialfluß-Untersuchungen.

/105/   Industrieforum Blech:
         Effizienzsteigerung in der Flexiblen Blechteilefertigung.
         Dokumentation zum Arbeitskreis Industrieforum Blech Band 1
         und 2.
         Stuttgart, Fraunhofer-Institut für Produktionstechnik und
         Automatisierung, 1992

/106/   Zadeh, L. A.:
         Fuzzy Sets.
         Information and Control 1965, Heft 8, S. 338-353

/107/   Bocklisch, S. F.:
         Prozeßanalyse mit unscharfen Verfahren.
         VEB Verlag Technik Berlin, 1987

/108/   Zimmermann, H.-J.:
         Fuzzy-Verfahren als Grundlage für flexible Produktionsorga-
         nisation.
         Tagung Köln, 28. Januar 1993 - Fuzzy -, Düsseldorf: VDI-Ver-
         lag, 1993, VDI-Berichte-1035, S.1-23

/109/   Geiger, M.; Greska, W.:
         Analyse und Klassifizierung von Blechteilen.
         In: Technica 20 (1993), S. 10-16

/110/ Meerkamm, H.; Krause, D.; Rösch, S.:
Analysemöglichkeiten für Blechbiegeteile im Konstruktions-
system mfk.
In: CIM Management 10 (1994) 2, S. 41-44

/111/ Schlingensiepen, J.:
Konstruktion von Blechteilen mit CAD.
In: Industrie-Anzeiger 11 (1990), S. 18-25

/112/ Warnecke, H.-J.:
Der Produktionsbetrieb 2 - Produktion, Produktionssicherung.
Springer Verlag Berlin u. a., 1993

/113/ Krauel, D.:
Kosten reduzieren - Galvanisiergerechtes Konstruieren erhöht
Wirtschaftlichkeit.
In: Industrie-Anzeiger 75 (1991) Nr. 1, S. 18-19

/114/ Geißler, U.:
Material- und Datenfluß in einer flexiblen Blechbearbeitungs-
zelle.
München, Wien: Carl Hanser, 1991
Zugl. Erlangen, Univ., Diss., 1991

/115/ Geiger, M.; Vormann, B.:
Planungssystem für das Handhaben komplexer Blechbiegeteile.
In: Bänder Bleche Rohre 35 (1994) 3, S. 28-32

Anhang 1   Beschreibung von Sonderkonturelementen

Merkmal	Skizze
INNENKONTUR	
Kreisdurchbruch mit Langlocheinschnitt	
Kreisdurchbruch mit Langlochzapfen	
Langlochdurchbruch mit Rechteckeinschnitt	
Kreisdurchbruch mit Rechteckzapfen	
Kreisdurchbruch mit gegenüberliegenden Rechteckeinschnitten	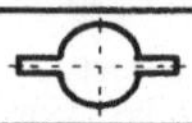
Kreisdurchbruch mit gegenüberliegenden Langlocheinschnitten	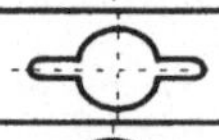
Kreissegmentdurchbruch	
tonnenförmiger Durchbruch	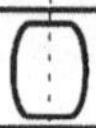
Sechskantdurchbruch	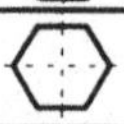
Dreieckdurchbruch	
Rautendurchbruch	
AUSSENKONTUR	
runde Kanten	
Eckschrägausklinkung	
Eckausklinkung mit Rundung	
doppelte Dreieckklinkung	
Dreieckklinkung mit Rundung	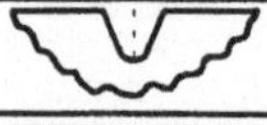
Trapezklinkung	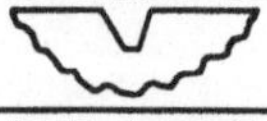
Rechteckklinkung mit Rundung	
Hakenform	

Anhang 2   Kriterien zur Bewertung der Fertigungsgerechtheit hinsichtlich der Biegebearbeitung

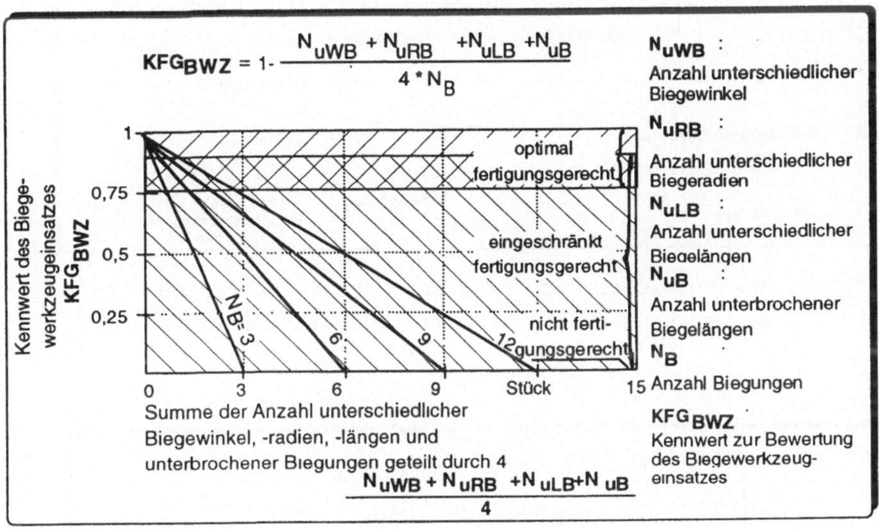

Ermittlung des Kennwertes zur Bewertung des **Biegewerkzeugeinsatzes** für Blechwerkstücke hinsichtlich der Biegebearbeitung

Ermittlung des Kennwertes zur Bewertung der **Niederhaltergerechtheit** von Blechwerkstücken hinsichtlich der Biegebearbeitung

$$KFG_{BKraft} = \begin{cases} 1 & ; s \leq s_{max} \quad \text{bei vorgegebenen } R_m\text{- und } L_B\text{ - Werten unter} \\ & \quad \text{Berücksichtigung des Zusammenhangs } F_B \approx R_m{}^* \cdot s_{max}^2 \\ 0 & ; s > s_{max} \quad \text{bei vorgegebenen } R_m\text{- und } L_B\text{ - Werten unter} \\ & \quad \text{Berücksichtigung des Zusammenhangs } F_B \approx R_m{}^* \cdot s_{max}^2 \end{cases}$$

s : Blechdicke

R_m : Zugfestigkeit

s_{max} : maximal verarbeitbare Blechdicke

F_B : Biegekraft

L_B : Biegelänge

KFG_{BKraft} : Kennwert zur Bewertung der Biegekraftgerechtheit

Ermittlung des Kennwertes zur Bewertung der **Biegekraftgerecht-heit** von Blechwerkstücken hinsichtlich der Biegebearbeitung

$$KFG_{RB} = \begin{cases} 0 & ; \quad R_B < 0{,}7 {}^* s \ \lor \ R_B < R_{Bmin} \quad (R_m < 500 \ N/mm^2) \\ 0{,}5 & ; \quad 0{,}7 {}^* s \leq R_B \leq 1{,}0 {}^* s \ \land \ R_B \geq R_{Bmin} \quad (R_m < 500 \ N/mm^2) \\ 1 & ; \quad R_B \geq 1{,}0 {}^* s \ \land \ R_B \geq R_{Bmin} \quad (R_m < 500 \ N/mm^2) \\ 0 & ; \quad R_B < (1{,}8 {}^* \frac{R_m\text{-}500}{700} + 0{,}7){}^* s \ \lor \ R_B < R_{Bmin} \quad (R_m > 500 \ N/mm^2) \\ 0{,}5 & ; \quad (1{,}8 {}^* \frac{R_m\text{-}500}{700} + 0{,}7){}^* s \leq R_B < (2{,}5 {}^* \frac{R_m\text{-}500}{700} + 1{,}0){}^* s \\ & \quad \land \ R_B \geq R_{Bmin} \quad (R_m > 500 \ N/mm^2) \\ 1 & ; \quad R_B \geq (2{,}5 {}^* \frac{R_m\text{-}500}{700} + 1{,}0){}^* s \ \land \ R_B \geq R_{Bmin} \quad (R_m > 500 \ N/mm^2) \end{cases}$$

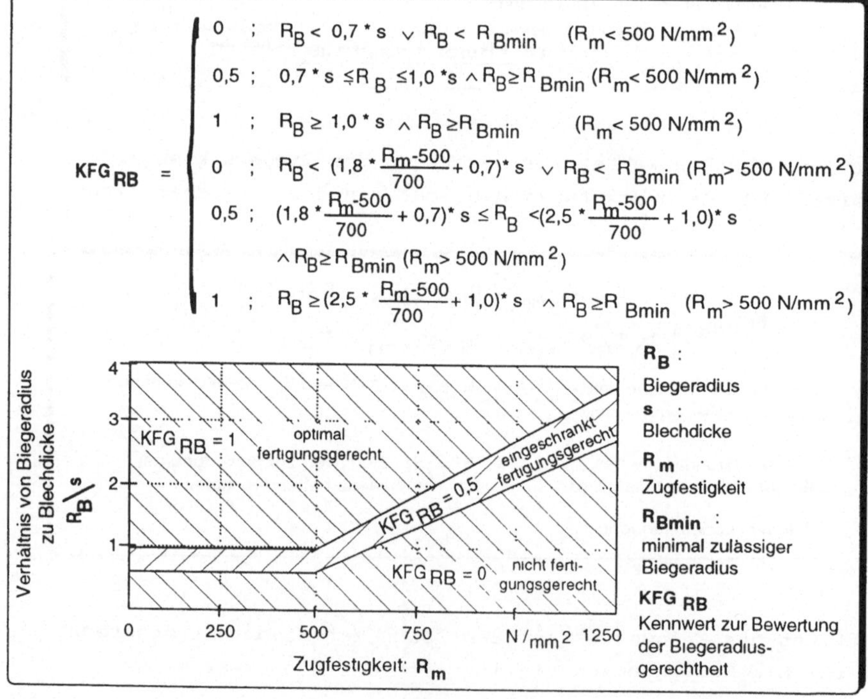

R_B : Biegeradius
s : Blechdicke
R_m : Zugfestigkeit
R_{Bmin} : minimal zulässiger Biegeradius
KFG_{RB} : Kennwert zur Bewertung der Biegeradiusgerechtheit

Ermittlung des Kennwertes zur Bewertung der **Biegeradiusgerecht-heit** von Blechwerkstücken hinsichtlich der Biegebearbeitung

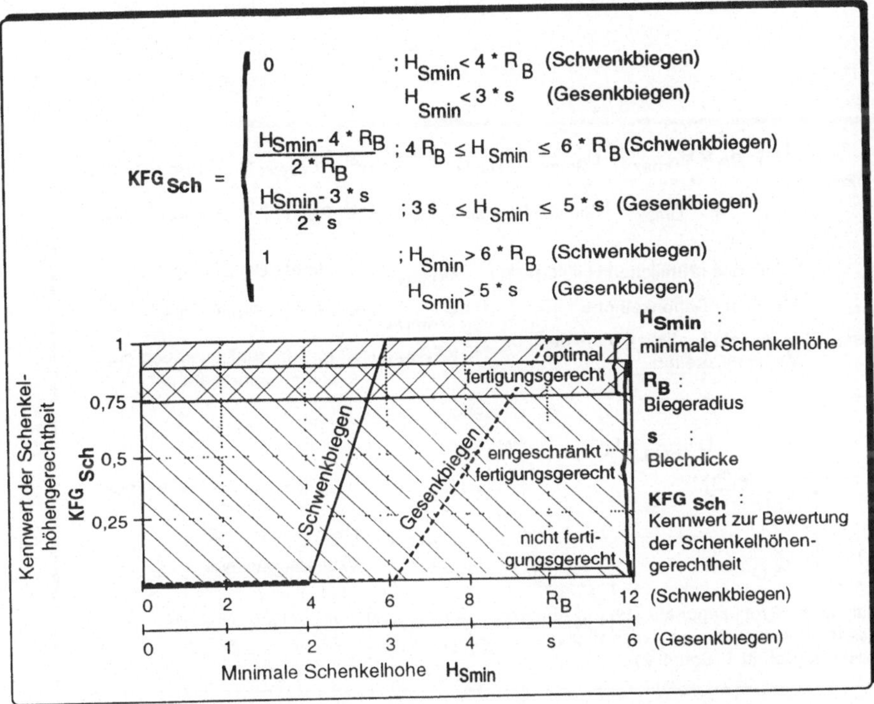

Ermittlung des Kennwertes zur Bewertung der **Schenkelhöhengerechtheit** von Blechwerkstücken hinsichtlich der Biegebearbeitung

$$KFG_{Plat} = \begin{cases} 1 \; ; \; L_{Pmin} \leq L_E \leq L_{PAmax} \land B_{Pmin} \leq B_E \leq B_{PAmax} \land \sqrt{L_E^2 + B_E^2} \leq Dia_{PAmax} \\ 0 \; ; \; L_E < L_{Pmin} \lor L_E > L_{PAmax} \lor B_E < B_{Pmin} \lor B_E > B_{PAmax} \lor \\ \sqrt{L_E^2 + B_E^2} > Dia_{PAmax} \end{cases}$$

L_E : Länge der ebenen Hüllfläche

B_E : Breite der ebenen Hüllfläche

L_{Pmin} : Minimale Platinenlänge

B_{Pmin} : Minimale Platinenbreite

L_{PAmax} : Maximale Länge der Platinenauflagefläche

B_{PAmax} : Maximale Breite der Platinenauflagefläche

Dia_{PAmax} : Maximale Diagonale der Platinenauflagefläche

KFG_{Plat} : Kennwert zur Bewertung der Platinenabmessungsgerechtheit (Biegebearbeitung)

Ermittlung des Kennwertes zur Bewertung der **Platinenabmessungsgerechtheit** von Blechwerkstücken hinsichtlich der Biegebearbeitung

$$KFG_{Prof} = \begin{cases} 1 \; ; \; H_R \leq H_{Dmax} \wedge H_{Smax} \leq H_{Dmax} \wedge H_{Smax} \leq R_{PRmax} \wedge Dia_{PRmax} \leq R_{PRmax} \\ 0 \; ; \; H_R > H_{Dmax} \vee H_{Smax} > H_{Dmax} \vee H_{Smax} > R_{PRmax} \vee Dia_{PRmax} > R_{PRmax} \end{cases}$$

H_R : Höhe des räumlichen Hüllkörpers H_{Dmax} : Maximale Durchgangshöhe

H_{Smax} : Maximale Schenkelhöhe R_{PRmax} : Maximaler Profilradius

Dia_{PRmax} : Maximale Profildiagonale der Werkstückseiten

KFG_{Prof} : Kennwert zur Bewertung der Profilgrößengerechtheit

Profildiagonale : $Dia_{PRn} = f(H_{S\,n,m}, W_{B\,n,m})$

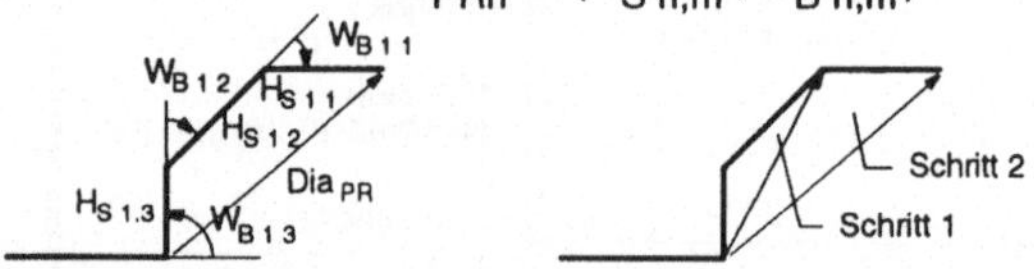

n : Werkstückseite

m : lagemäßige Reihenfolge der Biegung

H_S : Schenkelhöhe

W_B : Biegewinkel

Ermittlung der Profildiagonale anhand Abmessen aus der Zeichnung oder mittels Kosinus- und Sinussatz. Die Berechnung der Profildiagonale erfolgt sukzessiv ausgehend von der innersten Biegekante (Schritt 1, Schritt 2).

Ermittlung des Kennwertes zur Bewertung der **Profilgrößengerechtheit** von Blechwerkstücken hinsichtlich der Biegebearbeitung

$$KFG_{Gewicht} = \begin{cases} 1 \; ; \; M_{BWst} \leq M_{Tmax} \wedge M_{BWst} \leq M_{Himax} \\ 0 \; ; \; M_{BWst} > M_{Tmax} \vee M_{BWst} > M_{Himax} \end{cases}$$

M_{BWst} : Gewicht des Blechwerkstückes M_{Tmax} : Maximale Arbeitstischbelastung

M_{Himax} : Maximale Tragfähigkeit der maschineninternen Handhabung

$KFG_{Gewicht}$: Kennwert zur Bewertung der Gewichtsgerechtheit (Biegebearbeitung)

Ermittlung des Kennwertes zur Bewertung der **Gewichtsgerechtheit** von Blechwerkstücken hinsichtlich der Biegebearbeitung

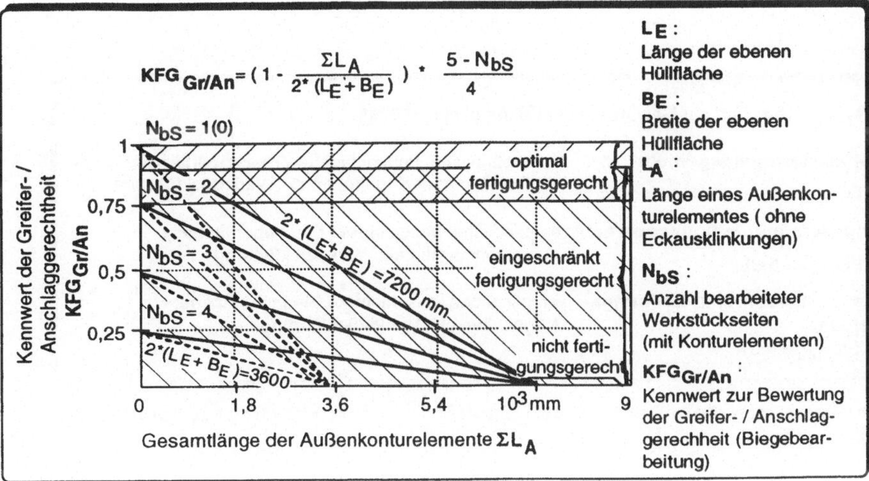

Ermittlung des Kennwertes zur Bewertung der **Greifer-/Anschlaggerechtheit** von Blechwerkstücken hinsichtlich der Biegebearbeitung

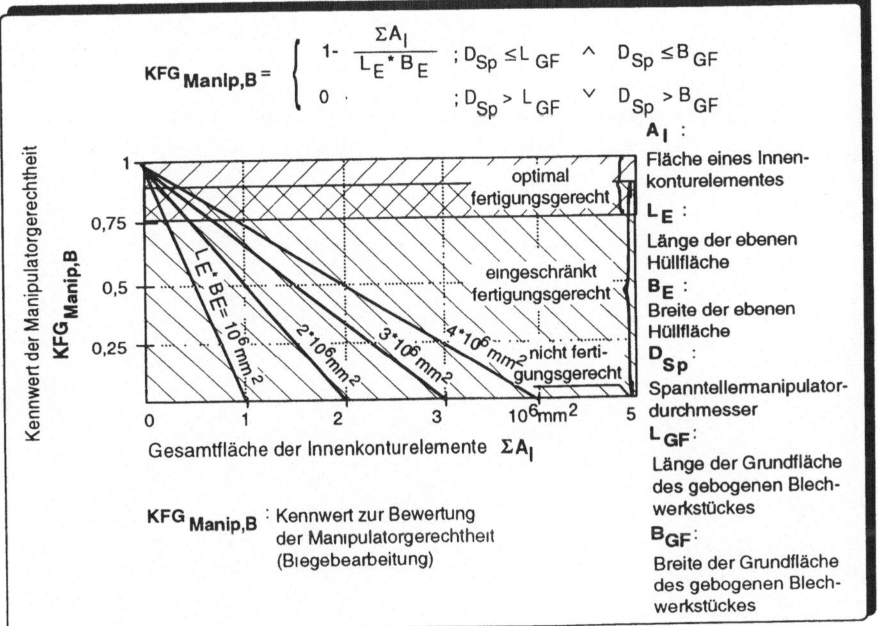

Ermittlung des Kennwertes zur Bewertung der **Manipulatorgerechtheit** von Blechwerkstücken hinsichtlich der Biegebearbeitung

KFG$_{Führ}$: Kennwert zur Bewertung der Führungsgerechtheit

- optimal fertigungsgerecht :   unempfindliche, unbeschichtete Blechoberfläche;Kunst-
  (KFG$_{Führ}$= 1)   stoffborsten oder Kugelrollen als Werkstückführung

- eingeschränkt fertigungsgerecht : empfindliche, beschichtete Blechoberfläche;
  (KFG$_{Führ}$= 0,6)   Kunststoffborsten als Werkstückführung

- stark eingeschränkt fertigungs-   empfindliche, beschichtete Blechoberfläche;
  gerecht :   Kugelrollen als Werkstückführung
  (KFG$_{Führ}$= 0,3)

Ermittlung des Kennwertes zur Bewertung der **Führungsgerechtheit** von Blechwerkstücken hinsichtlich der Biegebearbeitung

Anhang 3   Kriterien zur Bewertung der Fertigungsgerechtheit hinsichtlich des Materialflusses

$$KFG_{prGr} = \begin{cases} 1 \ ; \ M_{BWst} \leq M_{Hemax} \ \wedge \ (M_{BWst} \geq 100_{gr} \ \wedge \ BWst \ \text{magnetisch}) \ \text{wenn} \\ \quad \text{Greiferprinzip Magnetgreifer} \\[2mm] 0 \ ; \ M_{BWst} > M_{Hemax} \ \vee \ BWst \ \text{unmagnetisch und Greiferprinzip} \\ \quad \text{Magnetgreifer} \ \vee \ M_{BWst} < 100_{gr} \ \text{und Greiferprinzip Magnetgreifer} \end{cases}$$

M_{BWst} : Gewicht des Blechwerkstückes

M_{Hemax} : Maximale Tragfähigkeit der maschinenexternen Handhabung

KFG_{prGr} : Kennwert zur Bewertung der prinzipiellen Greifergerechtheit (Materialfluß)

Ermittlung des Kennwertes zur Bewertung der **prinzipiellen Greifergerechtheit** von Blechwerkstücken hinsichtlich des Materialflusses

$$KFG_{Ab,M} = \begin{cases} 1 \ ; \ L_{WAmin} \leq L_E, L_R \leq L_{WAmax} \ \wedge \ B_{WAmin} \leq B_E, B_R \leq B_{WAmax} \\ \quad \wedge \ H_R \leq H_{WAmax} \ \wedge \ Dia_{WAmin} \leq \sqrt{L_E^2 + B_E^2}, \sqrt{L_R^2 + B_R^2} \leq Dia_{WAmax} \\[2mm] 0 \ ; \ L_E, L_R < L_{WAmin} \ \vee \ L_E, L_R > L_{WAmax} \\ \quad \vee \ B_E, B_R < B_{WAmin} \ \vee \ B_E, B_R > B_{WAmax} \\ \quad \vee \ H_R > H_{WAmax} \ \vee \ \sqrt{L_E^2 + B_E^2}, \sqrt{L_R^2 + B_R^2} < Dia_{WAmin} \\ \quad \vee \ \sqrt{L_E^2 + B_E^2}, \sqrt{L_R^2 + B_R^2} > Dia_{WAmax} \end{cases}$$

L_E, B_E : Länge, Breite der ebenen Hüllfläche

L_R, B_R, H_R : Länge, Breite, Höhe des Hüllkörpers

$L_{Wa}, B_{Wa}, H_{Wa}, Dia_{Wa}$: Länge, Breite, Höhe, Diagonale des Werkstückaufnahmebereiches

$KFG_{Ab,M}$: Kennwert zur Bewertung der Abmessungsgerechtheit (Materialfluß)

Ermittlung des Kennwertes zur Bewertung der **Abmessungsgerechtheit** von Blechwerkstücken hinsichtlich des Materialflusses

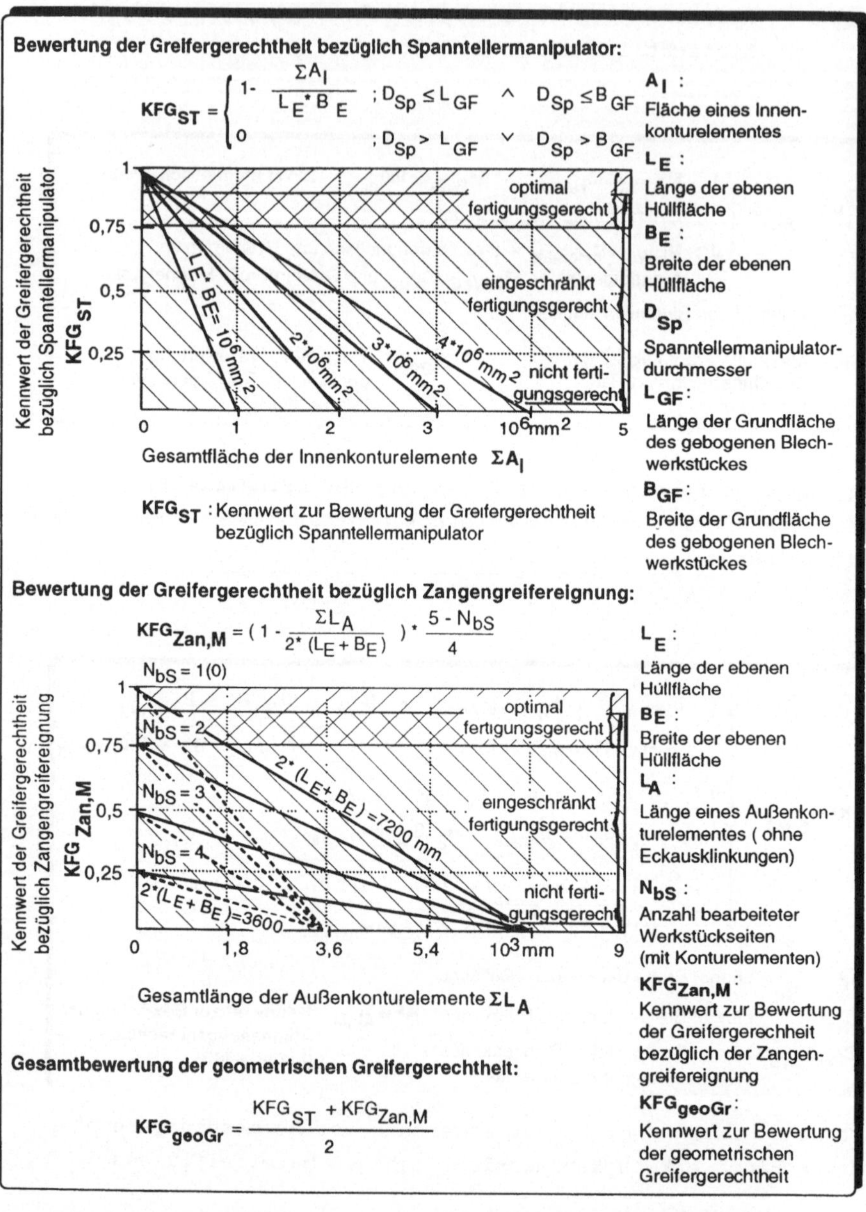

Bewertung der Greifergerechtheit bezüglich Spanntellermanipulator:

$$KFG_{ST} = \begin{cases} 1 - \dfrac{\Sigma A_I}{L_E * B_E} & ; D_{Sp} \leq L_{GF} \;\wedge\; D_{Sp} \leq B_{GF} \\ 0 & ; D_{Sp} > L_{GF} \;\vee\; D_{Sp} > B_{GF} \end{cases}$$

Bewertung der Greifergerechtheit bezüglich Zangengreifereignung:

$$KFG_{Zan,M} = \left(1 - \frac{\Sigma L_A}{2 * (L_E + B_E)} \right) * \frac{5 - N_{bS}}{4}$$

Gesamtbewertung der geometrischen Greifergerechtheit:

$$KFG_{geoGr} = \frac{KFG_{ST} + KFG_{Zan,M}}{2}$$

Ermittlung des Kennwertes zur Bewertung der **geometrischen Greifergerechtheit** von Blechwerkstücken hinsichtlich des Materialflusses

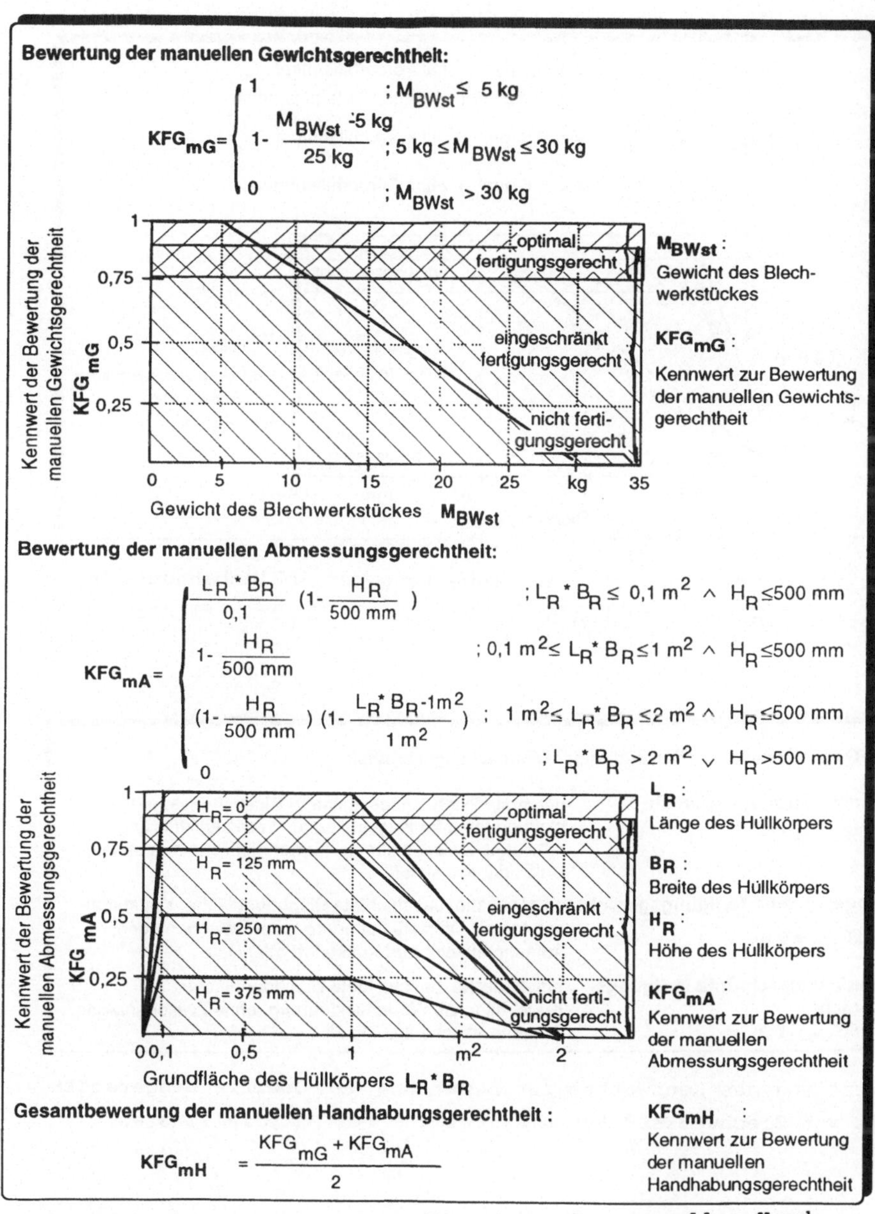

Bewertung der manuellen Gewichtsgerechtheit:

$$KFG_{mG} = \begin{cases} 1 & ; M_{BWst} \leq 5\,kg \\[2mm] 1 - \dfrac{M_{BWst} - 5\,kg}{25\,kg} & ; 5\,kg \leq M_{BWst} \leq 30\,kg \\[2mm] 0 & ; M_{BWst} > 30\,kg \end{cases}$$

Bewertung der manuellen Abmessungsgerechtheit:

$$KFG_{mA} = \begin{cases} \dfrac{L_R \cdot B_R}{0,1}\left(1 - \dfrac{H_R}{500\,mm}\right) & ; L_R \cdot B_R \leq 0,1\,m^2 \wedge H_R \leq 500\,mm \\[3mm] 1 - \dfrac{H_R}{500\,mm} & ; 0,1\,m^2 \leq L_R \cdot B_R \leq 1\,m^2 \wedge H_R \leq 500\,mm \\[3mm] \left(1 - \dfrac{H_R}{500\,mm}\right)\left(1 - \dfrac{L_R \cdot B_R - 1\,m^2}{1\,m^2}\right) & ; 1\,m^2 \leq L_R \cdot B_R \leq 2\,m^2 \wedge H_R \leq 500\,mm \\[3mm] 0 & ; L_R \cdot B_R > 2\,m^2 \vee H_R > 500\,mm \end{cases}$$

Gesamtbewertung der manuellen Handhabungsgerechtheit :

$$KFG_{mH} = \frac{KFG_{mG} + KFG_{mA}}{2}$$

Ermittlung des Kennwertes zur Bewertung der **manuellen Handhabungsgerechtheit** von Blechwerkstucken hinsichtlich des Materialflusses

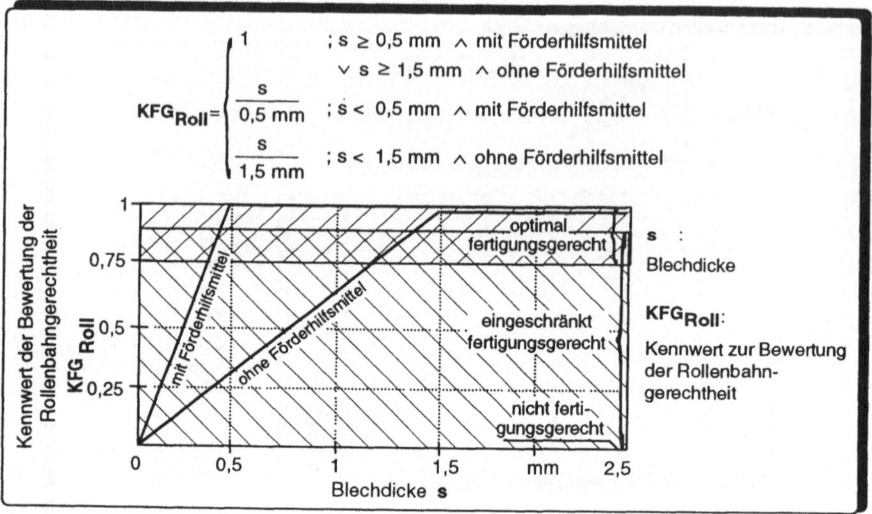

Ermittlung des Kennwertes zur Bewertung der **Rollenbahngerechtheit** von Blechwerkstücken hinsichtlich des Materialflusses

KFG_{Ob}: Kennwert zur Bewertung der Oberflächengerechtheit

- **optimal fertigungsgerecht :** (KFG_{Ob} = 1)

  unempfindliche, unbeschichtete Blechoberfläche; Kunststoffborsten oder Kugelrollen als Werkstückführung, mit / ohne Zwischenlagen, Aufnahmefläche aus Metall, Holz oder Kunststoff

- **eingeschränkt fertigungsgerecht :** (KFG_{Ob} = 0,6)

  empfindliche, beschichtete Blechoberfläche; Kunststoffborsten als Werkstückführung oder Zwischenlagen, Aufnahmefläche aus Kunststoff oder Holz

- **stark eingeschränkt fertigungsgerecht :** (KFG_{Ob} = 0,3)

  empfindliche, beschichtete Blechoberfläche; Kugelrollen als Werkstückführung, ohne Zwischenlagen, Aufnahmefläche aus Metall

Ermittlung des Kennwertes zur Bewertung der **Oberflächengerechtheit** von Blechwerkstücken hinsichtlich des Materialflusses

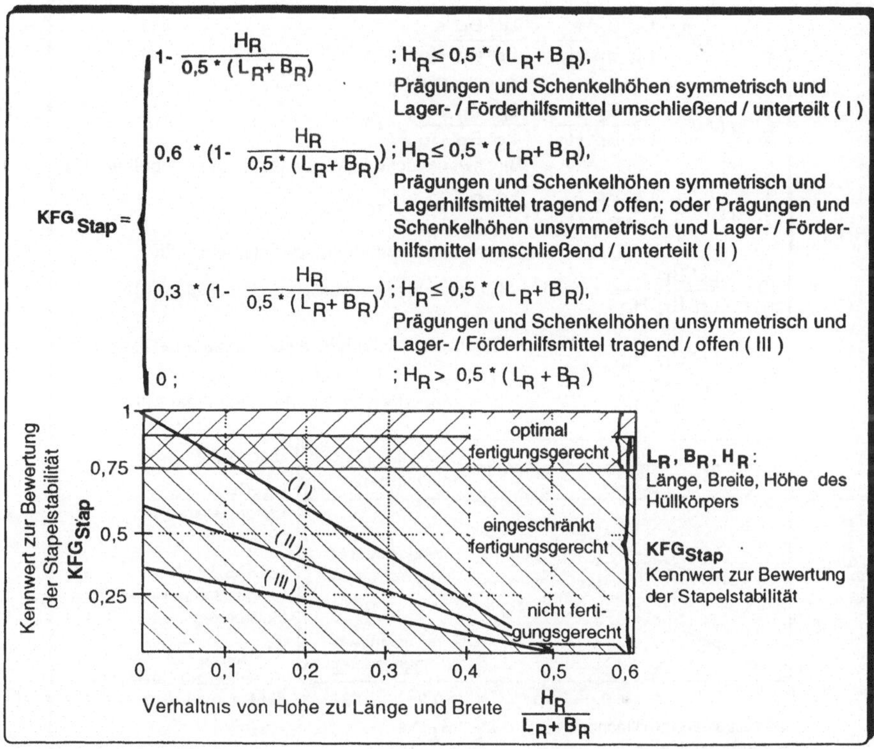

Ermittlung des Kennwertes zur Bewertung der **Stapelstabilität** von Blechwerkstücken hinsichtlich des Materialflusses

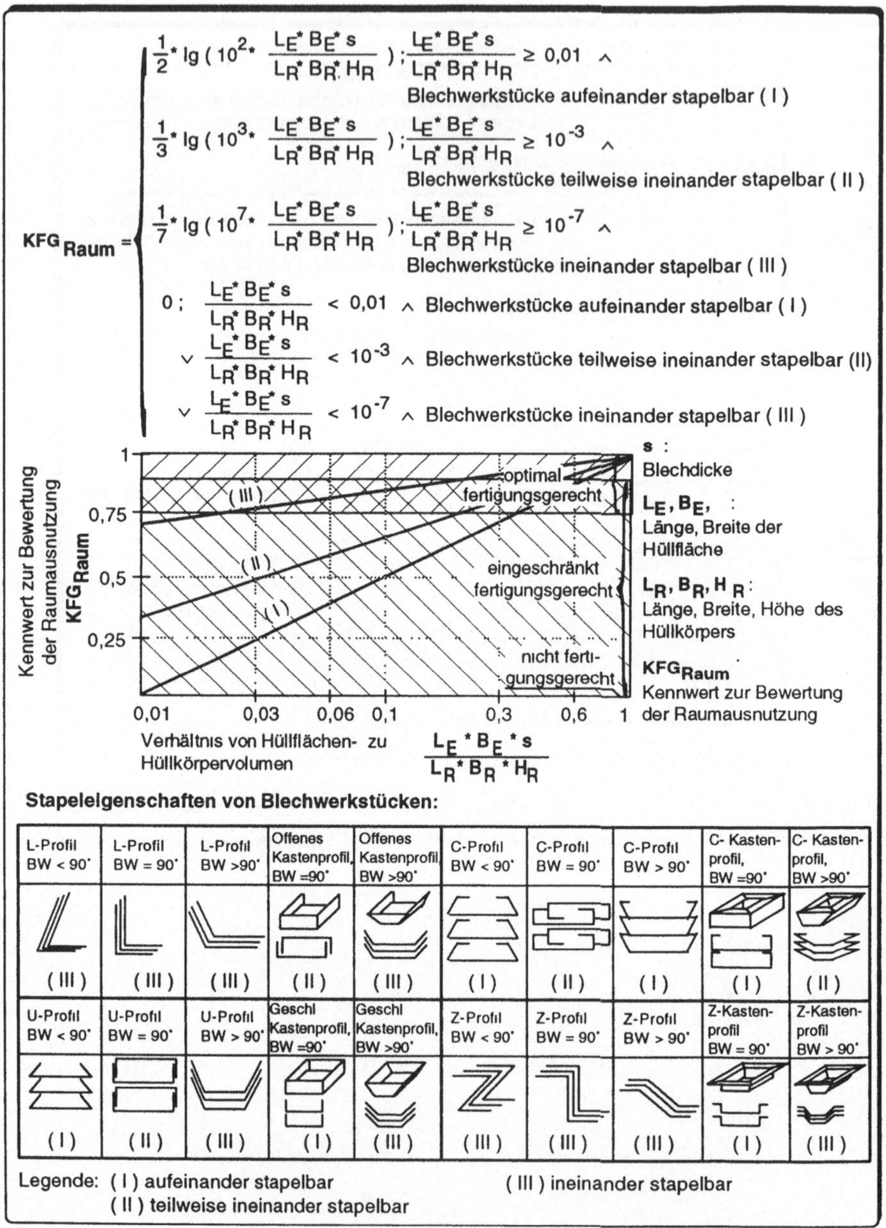

$$KFG_{Raum} = \begin{cases} \frac{1}{2} * lg\left(10^{2} * \frac{L_E * B_E * s}{L_R * B_R * H_R}\right); \quad \frac{L_E * B_E * s}{L_R * B_R * H_R} \geq 0{,}01 \wedge \\ \quad \text{Blechwerkstücke aufeinander stapelbar (I)} \\[4pt] \frac{1}{3} * lg\left(10^{3} * \frac{L_E * B_E * s}{L_R * B_R * H_R}\right); \quad \frac{L_E * B_E * s}{L_R * B_R * H_R} \geq 10^{-3} \wedge \\ \quad \text{Blechwerkstücke teilweise ineinander stapelbar (II)} \\[4pt] \frac{1}{7} * lg\left(10^{7} * \frac{L_E * B_E * s}{L_R * B_R * H_R}\right); \quad \frac{L_E * B_E * s}{L_R * B_R * H_R} \geq 10^{-7} \wedge \\ \quad \text{Blechwerkstücke ineinander stapelbar (III)} \\[4pt] 0; \quad \frac{L_E * B_E * s}{L_R * B_R * H_R} < 0{,}01 \wedge \text{Blechwerkstücke aufeinander stapelbar (I)} \\[4pt] \vee \; \frac{L_E * B_E * s}{L_R * B_R * H_R} < 10^{-3} \wedge \text{Blechwerkstücke teilweise ineinander stapelbar (II)} \\[4pt] \vee \; \frac{L_E * B_E * s}{L_R * B_R * H_R} < 10^{-7} \wedge \text{Blechwerkstücke ineinander stapelbar (III)} \end{cases}$$

Ermittlung des Kennwertes zur Bewertung der **Raumausnutzung** von Blechwerkstücken hinsichtlich des Materialflusses

Anhang 4   **Rechnerunterstützte Standardisierung von Innenkonturelementen**

Programmbeschreibung

Titel: **Standardisierung für die flexible ebene Konturbearbeitung**

Programmname: STANDEBEN   Datum: März 1992

Programmautor: Name: Dipl.-Ing. U. Abele
                 Institut: Fraunhofer-Institut für Produktionstechnik und
                           Automatisierung (IPA)
                 Ort: 7000 Stuttgart 80

Aufgabe: Das Programm STANDEBEN dient zur Standardisierung von Innenkonturelementen von Blechwerkstücken zur Abstimmung zwischen Konstruktion und ebener Bearbeitung in flexiblen Blechteilefertigungen

Verfahren: STANDEBEN ordnet unterschiedlichen Ausprägungen (Länge, Breite,
Durchmesser) von Innenkonturelementen (Rundloch, Quadrat, Recht-
eck, Gewindeloch, Langloch) eines vorgegebenen Bereichs einem
standardisierten Wert zu

Besonder-:   • Implementierung: Programmiersprache C, Oberfläche OPEN
heiten: WINDOWS, Datenbank ORACLE/SQL, SUN-Workstation
             • Die geometriebeschreibenden Werkstückdaten sind in Relationen
               einer Datenbank abgespeichert, wobei die Daten vor und nach
               der Standardisierung getrennt vorliegen

Eingabe: • Auswahl der zu standardisierenden Innenkonturelemente
           • Festlegen der Standardisierungsbereiche und der Standardisie-
             rungswerte
           • Identifizierende Daten (Eingabe-, Ausgaberelation)

Ergebnis: Blechwerkstücke mit standardisierten Innenkonturelementen

Verknüpf-   • Die Anwendung von STANDEBEN erfordert vorab die Ermittlung
ungen: und Extraktion der für die Standardisierung relevanten geometrie-
              beschreibenden Werkstückdaten in Form von Ausprägungen der
              Innenkonturelemente, was sowohl interaktiv als auch über eine
              IGES-Schnittstelle aus Zeichnungen erfolgen kann
            • STANDEBEN ist über die Werkstückdatenbank mit dem in An-
              hang 5 beschriebenen Zeitkalkulationsprogramm TC260 verknüpft

Unterlagen: Vorliegende Arbeit aus dem Fraunhofer-Institut für Produktionstechnik
und Automatisierung, Stuttgart, sowie separate Programmlistings und -
dokumentationen

Programmkurzbeschreibung - Standardisierung

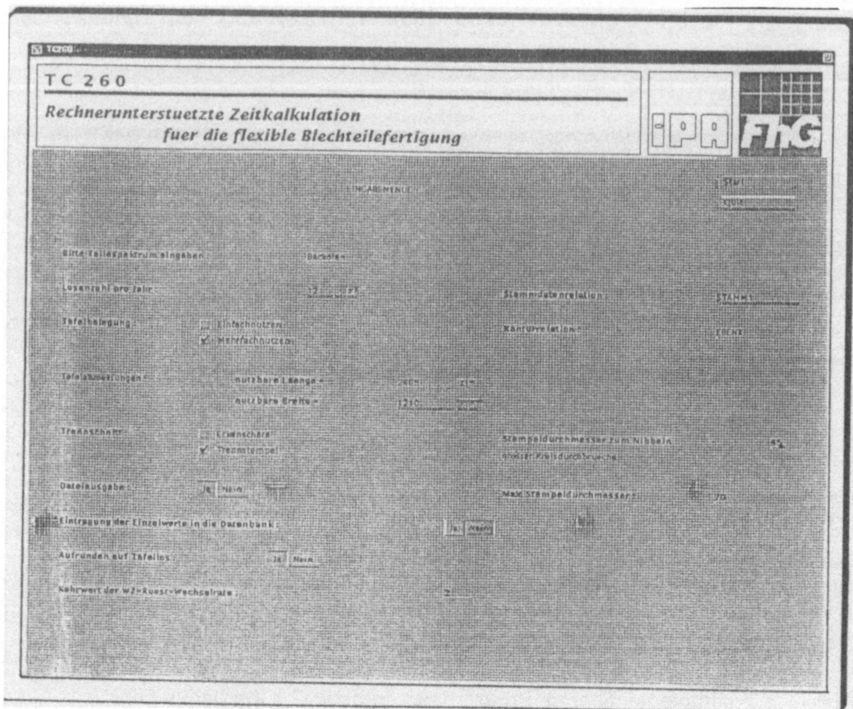

Eingabemenü - Standardisierung

Anhang 5   **Rechnerunterstützte Zeitkalkulation von Blechwerkstücken**

Programmbeschreibung

Titel:	**Zeitkalkulation für die flexible ebene Konturbearbeitung**

Programmname: TC260	Datum:	**März 1992**

Programmautor:	Name:	Dipl.-Ing. U. Abele
	Institut:	Fraunhofer-Institut für Produktionstechnik und Automatisierung (IPA)
	Ort:	7000 Stuttgart 80

Aufgabe: Das Programm TC 260 dient zur Ermittlung von Fertigungszeiten von Blechwerkstücken für die ebene Bearbeitung mit mechanischen Trennverfahren in flexiblen Blechteilefertigungen

Verfahren: TC 260 verknüpft geometrische, materialbezogene und organisatorische Ausprägungen und Merkmale von Blechwerkstücken mit den korrespondierenden fertigungstechnischen Merkmalen und deren Ausprägungen von Stanz/Nibbelmaschinen und berechnet basierend hierauf die einzelnen Fertigungszeitanteile (Haupt-, Neben- und Rüstzeit) sowohl für einzelne Blechwerkstücke als auch für ganze Blechteilespektren

Besonderheiten:
- Implementierung: Programmiersprache C, Oberfläche OPEN WINDOWS, Datenbank ORACLE/SQL, SUN-Workstation
- Die geometrischen, materialbezogenen und organisatorischen Werkstückdaten liegen in unterschiedlichen Relationen (Stammdaten-, Konturrelation) einer Datenbank vor
- Maschinenspezifische Daten sind im Programm hinterlegt

Eingabe:
- Anwendungsspezifische Daten (Tafelbelegung, Tafelabmessungen, Trennschnittprinzip, Stempeldurchmesser zum Nibbeln, maximaler Stempeldurchmesser, Aufrundung auf Tafellos, Werkzeugrüstwechselrate)
- Identifizierende Daten (Stammdaten-, Konturrelation)

Ergebnis: Fertigungszeiten von Blechwerkstücken beziehungsweise von Blechteilespektren getrennt nach Haupt-, Neben- und Rüstzeit

Verknüpfungen:
- Die Anwendung von TC 260 erfordert vorab die Ermittlung und Extraktion der für die Zeitkalkulation relevanten geometrischen, materialbezogenen und organisatorischen Werkstückdaten in Form von Ausprägungen der Innenkonturelemente, was sowohl interaktiv als auch über eine IGES-Schnittstelle aus Zeichnungen und aus Arbeitsplänen erfolgen kann
- TC 260 ist über die Werkstückdatenbank mit dem in Anhang 4 beschriebenen Standardisierungsprogramm STANDEBEN verknüpft

Unterlagen: Vorliegende Arbeit aus dem Fraunhofer-Institut für Produktionstechnik und Automatisierung, Stuttgart, sowie separate Programmlistings und -dokumentationen

---

Programmkurzbeschreibung - Zeitkalkulation

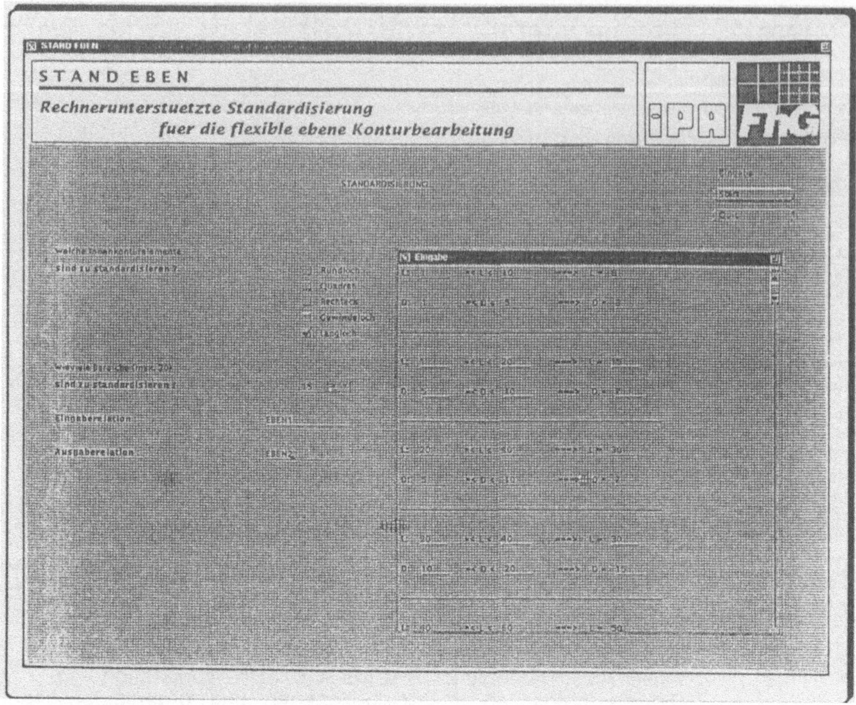

Eingabemenü - Zeitkalkulation

IPA Forschung und Praxis

Schriftenreihe aus dem Institut für Produktionstechnik und Automatisierung, Stuttgart

Herausgeber: Prof. Dr.-Ing. H. J. Warnecke

IPA Forschung und Praxis

Berichte aus dem Fraunhofer-Institut für Produktionstechnik und
Automatisierung, Stuttgart, und dem Institut für Industrielle Fertigung
und Fabrikbetrieb der Universität Stuttgart

Herausgeber· Prof. Dr -Ing H J. Warnecke

IPA-IAO Forschung und Praxis

Berichte aus dem Fraunhofer-Institut für Produktionstechnik und Automatisierung (IPA), Stuttgart, Fraunhofer-Institut für Arbeitswirtschaft und Organisation (IAO), Stuttgart, und Institut für Industrielle Fertigung und Fabrikbetrieb der Universität Stuttgart

Herausgeber: Prof. Dr.-Ing. H. J. Warnecke und Prof. Dr.-Ing. H.-J. Bullinger

Die Bände sind im Erscheinungsjahr und in den folgenden drei Kalenderjahren zu beziehen durch den örtlichen Buchhandel oder durch Lange & Springer, Otto-Suhr-Allee 26-28, 10585 Berlin